KB112362

물리, 그 생각의 스킬

물리, 그 생각의 스킬

발행일 2015년 8월 7일

지은이 조 성 일
펴낸이 손 형 국
펴낸곳 (주)북랩
편집인 선일영 편집 서대종, 이소현, 이은지
디자인 이현수, 윤미리내, 임혜수, 김은해 제작 박기성, 황동현, 구성우, 이탄석
마케팅 김회란, 박진관, 이희정, 김아름
출판등록 2004. 12. 1(제2012-000051호)
주소 서울시 금천구 가산디지털 1로 168, 우림라이온스밸리 B동 B113, 114호
홈페이지 www.book.co.kr
전화번호 (02)2026-5777 팩스 (02)2026-5747

ISBN 979-11-5585-675-8 03420(종이책) 979-11-5585-676-5 05420(전자책)

이 도서의 국립중앙도서관 출판예정도서목록(CIP)은 서지정보유통지원시스템 홈페이지(http://seoji.nl.go.kr)와 국가자료공동목록시스템(http://www.nl.go.kr/kolisnet)에서 이용하실 수 있습니다.
(CIP제어번호 : CIP2015020793)

PHYSICS, THE SKILL OF THINKING

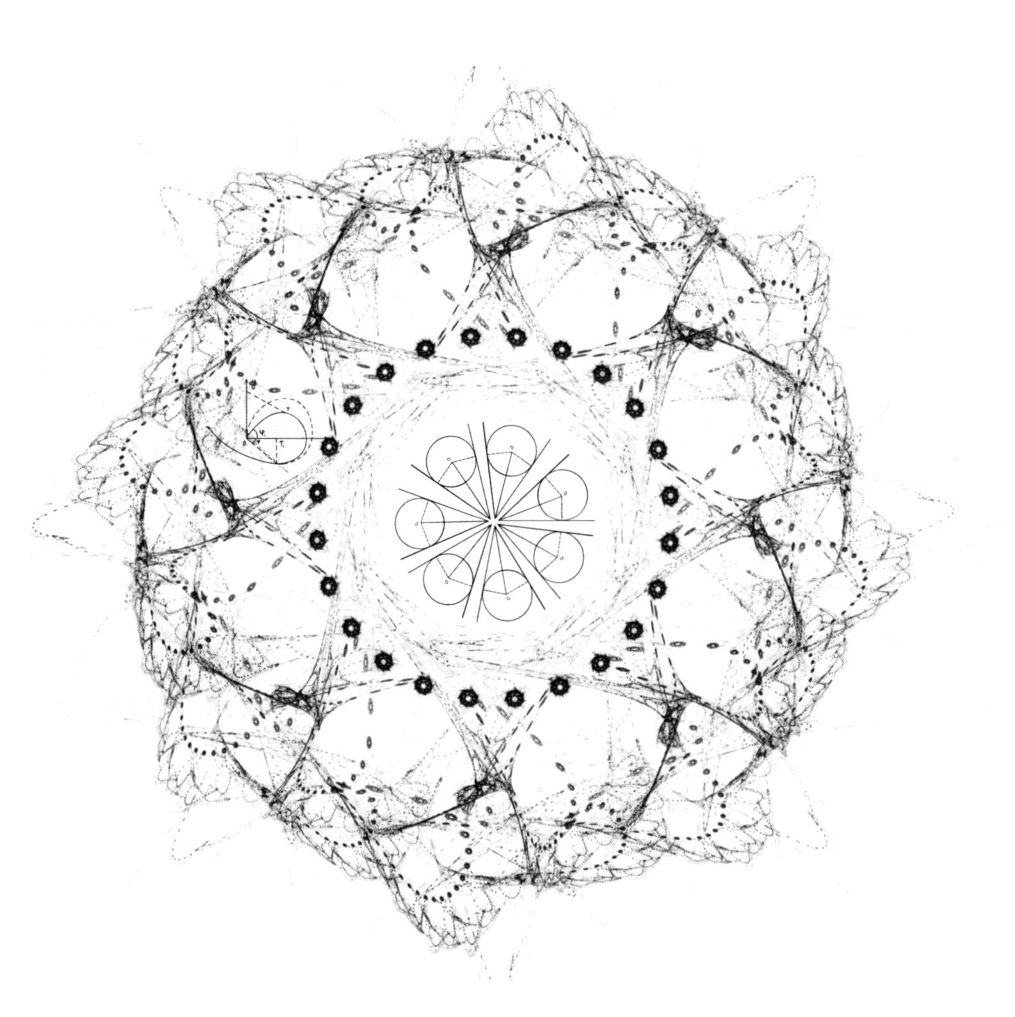

물리, 그 생각의 스킬

조성일 지음

북랩 book Lab

차 례

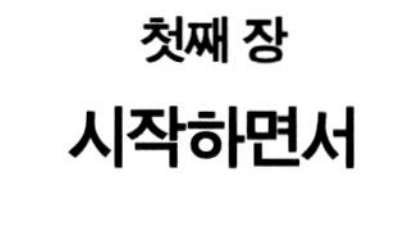

첫째 장

시작하면서

이미 벌써부터 시작되었지만, 앞으로의 세상에서는 단순히 지식을 기억하는 능력은 점점 더 그 가치를 잃고, 사고(思考)를 통해 자연과 세상을 이해하고 이를 통해 새로운 가치를 창조해내는 능력이 더욱 중요해질 것이다.

스마트폰과 그 영향

스마트폰(smart phone)이 세상에 나온 게 2009년 말로 불과 4년여밖에 되지 않았는데 통계자료에 따르면 2013년 10월 말 기준으로 벌써 3,632만 명이나 가입하여 이용하고 있다고 한다. 이는 대한민국 인구의 67.1%가 스마트폰을 사용하고 있다는 것을 의미하고, 2013년 3/4분기의 가입자 수만도 약 70만 명이 넘는다고 하니 정말로 엄청나게 폭발적인 속도로 스마트폰 이용자가 늘어나고 있고 거의 대부분의 사람들이 스마트폰을 사용하게 될 날이 그리 멀지 않은 듯하다. 그리고 그만큼 스마트폰이 우리의 일상생활에 빠르게 많은 변화를 가져오고 있다.

익히 알고 있는 것처럼 스마트폰이란 기존에 컴퓨터로 할 수 있는 기능을 휴대폰에서도 사용할 수 있도록 개발된 것으로 언제 어디서든 필요할 때 쉽게 인터넷을 검색하거나 메일 송수신이나 채팅 외에도 트위터와 같은 SNS도 할 수 있고 TV나 동영상·음악 감상, 게임과 같은 오락기능까지 모두 갖추고 있어 그 기능은 이루 말로 다 표현할 수 없을 정도다.

특히 기기를 만드는 회사가 콘텐츠(contents)를 일방적으로 정해서 팔던 기존의 휴대폰과 달리 내가 필요한 어플만 내 방식으로 설치해서 나만의 독특한 방식으로 운용할 수 있다는 점이 매력이라고 할 수 있다.

2007년쯤인가로 기억하는데, TV 광고 중에서 높은 분이 차를 타고 가면서 고릴라가 가슴을 손바닥으로 치는지 주먹으로 치는지 직원들에게 물어 보는데 대답을 하지 못하고 멀뚱멀뚱 바라보고 있는 직원과 바로 노트북으로 무선인터넷을 연결해서 고릴라가 손바닥으로 가슴을 치는 모습을 보여 주는 다른 직원을 대비하여 보여주는 장면이 있었다.

이 광고는 노트북으로 무선인터넷을 연결해서 질문에 대한 답을 찾아낼 수 있는 직원이 그렇지 못한 직원에 비해 능력이 뛰어나고, 그런 능력을 발휘할 수 있는 것은 언제 어디서나 인터넷에 접속할 수 있게 만들어 주는 자기 회사의 무선인터넷 제품 덕분이라는 메시지를 전달하는 게 그 목적이었겠지만 스마트폰이 일상화된 지금은 벌써 이런 광고도 잊혀진 옛날 이야기에 불과하다.

단순히 지식을 기억하는 능력은 언제든지 어느 곳에서나 어떤 정보든 구별 없이 순식간에 검색이 가능해진 작금에는 과거에 비해 그 값어치를 많이 잃어버렸다고 할 수 있다.

필자는 몇 년 전 늦가을 날 등산을 갔다가 발목을 다쳐 수술을 받은 적이 있는데, 그 발목은 젊은 날 군 생활을 하면서도 크게 다쳐 수술을 받은 적이 있었다.

그때나 지금이나 군 병원과 민간 병원이라는 차이점 때문에 다소의 차이가 있기는 하지만 기본적으로 의사선생님들은 발목의 다친 정도와 수술의 내용, 치료과정, 앞으로 생길 수 있는 부작용 등에 대해 환자에게 소상히 설명해 주지 않는 것은 비슷했다. 그런데 예전에 군 병원에 있을 때는 도대체 알 수 없었던 것을 의사선생님께서 알려주신 병명만 갖고 인터넷을 검색하니 병의 증세와 수술 등의 치료과정과 부작용 사례에 대해 학술논문을 포함한 수많은 정보들이 공짜로 제공되고 있어, 구태여 의사선생님이 설명해 주지 않아도 병에 대한 궁금증을 스스로 풀 수 있었다. 뿐만 아니라 인터넷을 통해 관련 의학전문용어까지 습득하여 이 분야에서 국내 최고의 실력과 권위를 갖고 있다는 담당 의사선생님의 치료과정이 원활하게 진행되고 있는지 살펴볼 수 있는 여유까지 갖출 수 있게 되었던 것이다.

이렇듯 단순 지식뿐만 아니라 국내외에서 제공되는 전문지식까지 모두 인터넷과 스마트폰을 통해 언제 어디서나 원하는 대로 검색할 수 있는 최근에는 특정 지식을 암기하여 기억하고 있는 것은 그렇게 요긴한 능력이라고 할 수 없는 것이다.

이것은 마치 필자가 공무원 생활을 처음 시작할 때였던 이십여 년 전만 해도 대부분의 문서를 수기로 작성했고 타자수가 타자로 쳐서 생산할 때라 글씨를 잘 쓰는 것이 중요했지만 대다수의 직원이 워드프로세서를 수월하게 다룰 줄 아는 지금은 글씨를 잘 써야 할 필요성이 줄어든 것과 마찬가지라고 할 수 있다.

그나마 필자가 사회생활을 하면서 가장 많이 아쉬움을 느끼는 것이 사람 이름을 기억하는 것인데, 한 번 만난 적이 있는 사람을 기억하지 못해서 상대방이 인사를 하는 데도 누군가 싶어 당황하는 일이 적지 않아 애로가 많은 편이다. 때문에 사람 이름과 얼굴을 같이 기억하는 데 능한 사람을 부러워할 때가 많다.

그러나 얼마 전에 뉴스에서 스마트폰 기능을 할 수 있는 구글안경이 나왔다고 한다. 머지않아 곧 한 번 만나 본 사람들을 다시 만나면 내가 쓰고 있는 안경을 통해 그 사람의 이름과 직위 같은 기본 정보 외에도 무슨 음식을 좋아하고 취미가 무엇인지 알 수 있는 시대가 오지 않을까 생각한다. 따라서 지금처럼 일일이 사람 이름을 외우기 위해 사람 이름과 얼굴과 같은 특징을 각종 사물과 연결해 연상작용을 하는 등 애를 쓰지 않아도 될 날이 눈앞에 다가와 있다고 믿어 의심치 않는다.

그렇다면 앞으로의 세상에서 필요한 능력은 어떤 것일까? 사람마다 강조하는 것이 다르긴 하겠지만, 다른 사람과의 교감이나 공감을 통해 서로 소통하고 배려하는 감성적인 측면의 중요성을 이야기하는 사람이 많고 필자도 거기에 적극 동의한다.

그리고 이 못지않게 중요한 것이 있다면 남과 다른 창의적인 생각을 통해 새로운 아이디어, 새로운 제품, 새로운 제도를 만들어 낼 수 있는 창조적 능력이라는 생각이다.

다른 사람들과의 감성적 교감이나 소통능력은 이 책의 주제와는 거리가 있다. 이 책에서는 자연현상에 대한 법칙을 다루고 있는 물리과목을 이해하기 위한 기본적인 사고(思考)의 전개과정을 설명할 것이다. 이런 사고의 전개과정이 자연현상에 대한 이해도를 높이는 데 도움이 될 뿐만 아니라 궁극적으로는 개인의 창의적 능력도 크게 향상시켜 줄 것이라고 생각한다.

창조적 사고에 도움을 주는 물리적 사고[1]

문제는 많은 사람들이 '창조적 사고'를 어렵게 생각하는 데 있다. 새로운 것을 찾거나 새로 만들어낸다는 것이 훈련되지 않은 보통 사람들에게 결코 쉬운 일이라고는 할 수 없다. 특히 암기에 익숙하거나 시키는 일만 생각 없이 처리하는 데 습관이 된 사람에게 창조적 사고를 요구하는 것은 엄청난 고통이 될 수도 있다.

밤을 꼬박 새워 생각해도 머리에 쥐만 날 뿐 새로운 제안이나 아이디어가 전혀 떠오르지 않는 경험을 한 사람이 적지 않을 것이다.

대부분의 사람들은 새로운 아이디어는 떠오르는 것을 찾는 것이라고 생각하곤 한다. '반짝하는 아이디어'라는 표현도 있다. 물론 아이디어는 그런 측면이 없지 않다고 생각한다. 오히려 그런 측면이 더 강할 수도 있다.

그러나 천재적 영감에 의해 만들어내는 예술작품이 아닌 한, 우리

---

1) 필자가 붙인 이름. 어쩌면 '과학적 사고'라고 하는 것이 더 정확할 수도 있지만, '과학적'이라는 말이 사회과학까지 포함하여 여러 분야에서 아주 광범위하게 쓰이기 때문에 '물리적 사고'라는 말로 그 범위를 아주 제한적으로 사용하고자 한다.

가 일상에서 자주 접하는 문제에서는 체계적인 사고의 전개과정을 훈련함으로써 충분히 창의적인 방법을 찾아낼 수 있다고 생각한다.

이 책에서 필자는 어떤 주어진 문제의 개념과 본질을 쉽게 이해하고 그 문제에 붙어 있는 가정이나 조건의 변화에 대해 체계적으로 분석하는 방법을 제시할 것이다.

이 책에서 제시하는 방식이라는 것은 필자가 대학 시절 공무원이 되기 위해 기술고등고시[2]를 준비하는 과정에서 당시 1차 과목 중 영어와 함께 당락을 결정짓는 주요 과목 중의 하나였던 물리학개론을 공부하면서 나름대로 찾아 정리한 것으로 그 후에 직장생활과 영국에서 박사공부를 하면서 조금 더 체계화시킨 사고방식이다.

물리라는 과목이 워낙 너무나 당연하고도 당연한 이론만을 다루고 있는 과목이라 이 책에서 제시하는 사고방식도 알고 보면 사실 너무나 당연한 방식이라고 할 수 있다.

그러나 어린 시절부터 필자 스스로 공부를 하거나 나이 들어 직장에서 일을 하거나 다른 사람에게 물리를 가르치면서 얻은 경험을 통해 보면 그렇게 당연한 문제의 개념도 체계화된 사고의 과정이나 방법을 모르는 사람들에게는 너무나 혼란스럽고 아무리 생각해도 도대체 이해가 되지 않는 난해한 골칫덩어리일 뿐일 수도 있다.

이런 사실은 지금 고등학생들이 물리과목을 얼마나 어렵게 생각하는지 생각해 보면 쉽게 알 수 있다. '네이버 지식'을 통해 '물리'라는 단어를 검색해 보면 '물리과목이 암기과목인지 이해과목인지' 물어보

2) 현행 행정고등고시(5급 국가공무원 공개채용시험) 기술분야 시설직렬(토목)에 해당한다.

는 질문이 있는 것을 볼 수 있는데, '물리는 당연히 암기과목'이라는 답까지 있는 것을 보고는 깜짝 놀란 적이 있다. 말하자면 '공식을 외워야 하므로 암기과목'이라는 것이다.

또한 2010년 4월 메가스터디[3] 자료에 따르면 고3 수험생 중에 과학탐구과목으로 물리과목을 선택하는 비율이 67.29%에 불과하여 화학1 88.25%, 생물1 85.15%에 비해 상당히 낮다고 한다. 이러한 결과는 아마도 학생들이 물리과목을 이해하기 어려운 난해한 과목으로 여기고 있기 때문이 아닌가 싶다.

사실 고등학교나 대학교 교양과목으로 배우는 수준의 물리과목이라는 것은 불확실하거나 애매한 것이 없이 이미 실험이나 이론적인 검증을 통해 밝혀진 분명하고도 명확한 현상만을 기술하고 있고 있기 때문에 생각하기에 따라서는 그렇게 어려운 과목이 아닌데도 상당수의 학생들이 물리는 머리 좋은 천재들만 좋아하고 잘하는 것으로 생각하고 있는 것도 사실이다.

---

3) 메가스터디(megastudy): 온라인교육 전문업체. 수능, 내신, 면접, 논술 등의 동영상 강의와 입시정보를 제공한다.

고등학교 시절, 어렵기만 했던 물리

필자도 고등학교 때 그렇게 썩 공부를 잘한 편은 아니었지만, 수학과 국어, 영어 같은 과목을 좋아해서 그런대로 상위권의 성적을 유지할 수 있었다. 1학년 때는 특히 3개 과목만 치르는 전국 모의고사 같은 곳에서 꽤 괜찮은 성적을 올리기도 했지만, 국사과목같이 마냥 외워야 하는 과목을 싫어해서 전반적인 성적이 그렇게 뛰어난 편은 아니었다. 한마디로 수재 수준에도 미치지 못한다고 할 수 있었다.

놀기 좋아하던 어린 나이에 앞날의 인생에 대해 뚜렷한 소신이나 계획이 있었던 것도 아니어서, 그냥 고등학교 1학년 때는 남들보다 수학과목을 좋아했고, 그 성적이 다른 과목보다 많이 우수한 편이라는 이유 하나로 문과가 아닌 이과를 선택했는데, 고등학교 2학년이 되어 접한 물리 때문에 생각지도 않게 졸업 때까지 많은 고생을 했다.

물리 교과서나 참고서에 쓰여 있는 각종 공식들은 도대체 이해되지 않았고, 그 공식들은 잘 외워지지도 않았다. 외우고 나면 바로 잊어 버리기 일쑤였고 또 기껏 공식을 힘들여 외웠다고 해도 그것은 그냥 공식에 불과했을 뿐이다.

사실 학교에서 시험을 보면 그 공식들은 크게 도움이 되지 않았다. 암기한 공식을 적용하여 바로 답을 얻을 수 있는 문제들은 몇 개 나오지도 않았고 그런 문제들은 필자나 다른 학생들이나 모두 정답을 어렵지 않게 찾을 수 있는 반면에, 주어진 조건이나 가정이 조금이라도 변형된, 속칭 배배 꼬인 문제가 나오면 어쩔 줄 모르다가 틀리곤 했다.

책에서 공부한 대로 풀었다고 생각했는데 답을 맞추어 보면 답이 틀리는 경우가 적지 않아 당황하기도 했는데, 그러면 그 문제들은 대부분 왜 틀렸는지 이해가 잘 되지 않았고, 그게 마치 내 머리의 한계인 듯싶어서 좌절한 적도 있었다.

이렇듯 물리는 내게는 깜깜하기만 한 어둠의 세계인 듯했다. 물리과목은 내 평균점수를 까먹는 과목이었고, 헤어날 수 없는 미로처럼 어렵기만 한 난공불락의 과목이었다.

이런 물리과목 때문에 이과를 선택한 것을 후회한 적도 있지만, 문과 쪽은 더 싫은 과목인 국사 – 필자는 지금도 '다음 중 조선시대 미술작품이 아닌 것은?' 하는 식의 문제를 왜 내는지 모르겠고, 또 그렇게 암기해야 하는 문제를 끔찍하게 싫어한다 – 를 비롯해 지리 등 당시에 생각하기에 각종 암기 위주의 사회과목이 진을 치고 있어 문과로 바꾸어 공부한다는 것은 생각조차 하지 못했다. 사회생활을 하면서 그게 꼭 암기과목이라고 할 수 없고, 물리보다도 더 많은 사고(思考)를 요하는 분야임을 늦게야 깨닫기는 했지만 말이다.

어차피 극복해야 할 대상이라고 생각하고 물리성적이 좋은 친구들이 보는 책이라면 안 사 본 것이 없을 정도였다. 그때 한참 유명했던 책 중에 정확한 책 이름은 기억이 나지 않지만 친구들 사이에서 『깜

장물리』라고 불리던 참고서를 비롯해 참고서를 정말 많이도 샀던 것으로 기억난다. 그러나 그렇게 많은 참고서들 중에 물리에 대한 이해도를 높이는 데 정작 도움이 된 것은 없다고 생각한다. 그 책이 그 책으로, 대체로 책의 편집방식에 다소간의 차이가 있었을 뿐이다.

그렇게 참고서를 이것저것 사 보는 것은 그저 잠깐 동안 마음의 위안만 주었을 뿐 물리과목에 대한 필자의 애로를 근본적으로 풀어주지는 못했다. 대학시험을 볼 때까지 교과서나 참고서에서 봤던 문제나 그 유사한 문제 정도만 기계적으로 풀어 답을 맞출 수 있었을 뿐, 정작 머리로 그 개념을 제대로 이해를 해서 답을 풀어낸 기억이 별로 없다. 물리는 그 바쁜 고등학교 2, 3학년 시절에 시간은 엄청나게 잡아먹으면서도 성과는 낼 수 없었던 당시로서는 정말 말만 들어도 기가 질리는 과목이었다.

좋은 선생님을 만났다면 조금이라도 나았을까 하는 생각도 해 보지만, 당시에 제일 좋다는 학원의 단과반도 다녀봤지만 강의를 들을 때는 마치 아는 것처럼 느껴지다가도 돌아서 학원 문을 나서는 순간 거짓말처럼 배운 게 다 흐트러져 사라져 버리곤 했다.

대학에 들어가서 1학년 때 다시 교양과목으로 물리학개론을 듣기는 했지만, 공부에 별 관심이 없던 때라 사실 어떻게 강의를 들었는지조차 기억에 남아 있지 않다.

체계적인 물리적 사고와의 만남

필자는 대부분의 다른 학생들과 마찬가지로 대학 2학년을 마치고 군입대를 했다. 토목공학을 전공했는데, 입대 당시만 해도 중동의 건설경기가 대단할 때라 마치 대학졸업만 하면 쟁쟁한 굴지의 국내 건설회사 중 어디든지 원하는 대로 다 들어갈 수 있을 것이라고 생각될 정도였다.

그러나 군에서 전역할 즈음에는 중동경기가 많이 식어서 취직 자체가 만만하지 않게 분위기가 바뀌어 있었다. 취직도 쉽지 않았지만, 취직을 하더라도 당시의 분위기는 중동 등 해외에 가서 일을 해야 하는데 당시에 개인적인 가정사정 때문에 오랫동안 해외에 나가 일할 형편이 되지 않았다. 이런 분위기를 군 생활 중에도 친구들을 통해 듣고 있어서 생각 끝에 공무원이 되기로 마음을 먹고 공부를 시작했다.

군 생활을 하면서도 짬짬이 공부를 해서 말년병장 시절에 기술고등고시 1차 시험에 응시한 적이 있었다. 그런데 그때도 물리가 문제였다. 물론 내게는 암기과목에 해당하는 국사과목도 쉽지 않았지만 더 어려운 것은 물리였다. 국사과목에서 잃어버리는 성적은 영어에서 만회할 수 있는 정도였지만, 암호와 같은 공식이 가득 찬 물리과목에서 잃어버리는 성적은 도무지 어디에서도 만회할 길이 없었다. 그래서 군에서 어렵게 준비해서 본 1차 시험에서 다른 과목에서는 좋은 점수를 받고도 물리 때문에 낙방했다.

결국 물리과목을 해결하지 않고는 1차 시험조차 통과할 수가 없다는 결론을 내렸다. 곰곰이 돌이켜 생각해 보니, 적어도 물리과목에서만큼은 내게 그 좋다는 고등학교 참고서나 시험용 참고서 등은 한 번도 도움이 된 적이 없었다. 그런 종류의 참고서로는 항상 실패만 하고 성공한 적이 없다는 생각이 들었다. 그래서 생각 끝에 남들이 다 보는 시험용 참고서를 책상에서 치우고 당시 대학 1학년 때 교양과목으로 들었던 일반물리학개론 책을 꺼내 들었다. 그때 본 책이 번역도 충실하게 되어 있었지만, 그보다도 그 원문의 충실함이 물리에 대한 필자의 생각을 완전히 바꾸는 계기가 되었고, 이 책과의 만남이 이후 필자의 이공계통 과목에 대한 생각의 틀을 완전히 바꾸었다고 할 수 있을 정도로 대단히 큰 영향을 미쳤다.

이 책을 통해 드디어 체계적인 물리적 사고방식을 하나하나 깨우치기 시작했고 필자 나름대로 그것을 체계적으로 정리하기 시작했는데, 그것은 참으로 놀라운 발견이었다. 출구를 찾아낼 수 없는 미로와 같고 도대체 무슨 말인지 이해할 수 없었던 각종 암호와 기호들은 우리가 주변에서 일상적으로 접하는 자연현상 중 아주 너무나 당연한 이치를 논리 정연하게 설명하는 가장 쉽고도 편한 방법이었을 뿐이고, 그 기호의 조합인 물리 공식을 앞에 놓고 머릿속으로 하나하나 자연의 이치를 생각하면서 깨달아 가는 것은 아주 흥미진진한 일이 되었다. 이것은 정말 엄청난 변화였고 귀중한 경험이었다.

그 당시 일반물리학개론 책을 약 두 달 정도 집중해서 봤던 것으로 기억나는데, 그 책으로 개념을 단단히 잡고 난 이후에 본 참고서들은 거짓말 같은 이야기지만 실제 하루나 반나절이면 다 볼 수 있었다.

비록 박사 공부와 같이 깊은 학문을 하기 위한 공부는 아니었고 단지 기술고등고시 준비를 위해 시작한 공부였지만, 정작 물리과목을 통해 자연현상에 대해 체계적으로 사고하는 방식을 깨우치고 이를 통해 이론을 머릿속에 체계화시켜 가는 과정은 정말 형언할 수 없는 즐거움을 주었다. 당연히 성적도 잘 나올 수밖에 없었다. 모의고사에서도 그렇고 실제 시험에서도 그렇고 고등학교 때 평균성적을 한없이 깎아 먹기만 하던 물리과목이 이제는 성적이 제일 좋은 과목이 되었다. 성적도 성적이지만 사물의 이치에 대해 스스로 체계적으로 따져 생각하여 이해할 수 있게 되었다는 것, 그 자체가 즐거움이었다.

이때 얻은 능력은 나중에 기술고등고시 2차 시험 준비를 비롯해 나이가 들어 영국에 유학을 가서 박사 공부할 때와 직장에서 업무를 하는 데도 많은 도움이 되었다.

사고의 단절과 연결 - 무엇의 차이인가?

필자는 도대체 이러한 차이를 만들어낸 것이 무엇인가 스스로 그것을 하나씩 정리하기 시작했다. 이 책은 그렇게 정리한 방법을 소개하는 것이라고 할 수 있다. 그 차이의 본질은 이전에 봤던 참고서들은 심하게 말하면 암호와 같은 공식만 나열해 놓았을 뿐으로 공부하는 학생이 그 공식을 보면서 암기를 해야 할 뿐 더 이상의 생각을 할 수 있도록 배려하지 않았던 것에 비해, 필자가 정리한 새로운 방식은 같은 공식을 보면서도 자연현상의 이치에 대해 스스로 사고를 진행시켜 나갈 수 있다는 데 있다고 할 수 있다.

그 이전에 봤던 교과서나 참고서들은 생각을 더 이상 진전시킬 수 없는 형태로 서술되어 있었기 때문에, 정말 일부 천재나 수재들을 제외하고는 그 속에서 자연의 이치를 놓고 사고하고 생각하는 즐거움을 깨닫기는 정말 어려운 일이라고 생각한다.

예를 들면, 필자가 봤던 참고서의 대부분은 그 유명한 뉴턴의 운동법칙을 "1법칙은 관성의 법칙, 2법칙은 운동의 법칙 $f = ma$, 3법칙은 작용과 반작용의 법칙"이라 정의하고는 이에 대해 정말 간단하고 설명하고 있을 뿐이다. 이러한 서술방식은 각각의 법칙에 대한 단편적인 지식을 제공하고는 있지만, 3개 법칙 간의 상호 연관성을 체계적으로 이해하기 어려울 뿐 아니라, 더 이상 사고를 앞으로 발전시켜 나가기는 사실상 불가능하기 때문에 각 법칙을 따로 암기할 수밖에 없는 것이다. 사실상 사고의 즐거움은 없고 암기를 위한 수고만 남을 뿐인 것이다.

물리는 자연현상에 대해 차근차근 생각하면서 사고를 전개하면 그 자연현상에 대해 완전히 이해를 하게 되는 즐거움이 있는 과목으로, 그 전개과정을 체계적으로 정리하여 보여주고자 하는 것이 이 책의 요체라고 할 수 있다.

필자는 이러한 사고의 전개 과정을 편의상 물리적 사고방식이라고 이름을 붙여 정리했지만, 어쨌든 이러한 물리적 사고방식 덕분에 대학 때 나머지 공학 전공과목도 쉽게 이해하여 내 것으로 만들 수 있었고 나아가서는 다른 일반 교양과목에서도 그 이해도를 높일 수 있었다.

결국 기술고등고시에 합격도 하고, 그때 체득한 물리적 사고방식 덕분에 공무원 생활 중에 해외유학의 기회를 얻었을 때는 그렇게 어렵지 않게 영국에서 박사학위까지 받을 수 있었다. 그리고 이런 물리적 사고방식은 비단 공부에서만이 아니고 직장에서 업무를 하면서 각종 현안문제를 해결하기 위한 대안을 찾아내는 과정에서도 적지 않은 도움을 받았다고 생각한다.

공부를 할 때도 그랬고, 지금 일을 할 때도 그렇지만 필자가 가장 중요하게 생각하는 것은 생각하고 사고하는 데 많은 시간을 할애한다는 것이다. 그냥 단순히 책을 보거나 자료를 보는 것에 그치지 않고, 많은 시간 동안 생각을 하면서 문제에 대한 개념이 제대로 이해가 된 것인지 또는 주어진 가정이나 조건이 변경될 경우에 혹시 예상하지 못했던 다른 문제를 야기하지 않을지에 대해 고민하면서 많은 시간을 보낸다.

고시 공부나 박사 공부를 할 때는 새벽이나 저녁 때 산책을 하면서 생각을 했고, 업무를 하면서는 주로 출퇴근을 하거나 주말에 산행을 하면서 많은 생각을 하곤 한다. 또는 잠을 자기 전이거나 일찍 일어나서 깊은 생각에 잠기곤 하는데, 기본적으로 그 생각은 당면한 현안 문제나 앞으로 일어날 일에 대해 체계적으로 사고를 하면서 해결책이나 대안을 모색하기 위한 경우가 많다. 지금은 필자의 생활에 거의 일상으로 자리잡고 있다고 할 수 있다. 그리고 그 성과는 나름대로 적지 않다고 생각한다.

물리적 사고방식의 수혜자가 돼라

이런 물리적 사고방법은 다른 많은 사람들에게도 도움이 될 수 있을 것으로 생각한다. 이러한 사고방식을 터득한 이후 우연히 물리과목을 가르칠 기회가 있었는데, 필자가 고등학교 시절에 그랬던 것처럼 물리를 어렵게 느끼고 힘들어 하던 사람들이 두어 달 정도 사고를 통해 개념을 파악해가는 방법을 익히고 난 이후 성적도 많이 오르고 물리에 대해 재미를 느끼는 경우를 많이 보았다.

이 책에서 필자가 제시하는 물리적 사고방식의 전개과정 즉, 개념을 파악해 가는 과정은 물리과목을 공부하는 사람 외에도 공학이나 과학을 공부하는 사람에게도 적지 않은 도움이 될 것으로 기대한다. 그리고 직장에서 업무를 하면서 조금이라도 생각과 사고를 통해 업무의 핵심을 파악하고 막혀있는 업무의 해결책을 찾고 기존의 업무를 개선해야 하는 위치에 있는 사람들에게도 적지 않은 시사점을 줄 것이다.

예전부터 우리나라의 경우 물리를 비롯한 과학과목의 교육환경이 열악하고 그 대표적인 예로 실험기자재가 부족하다는 이야기를 자주 듣곤 했다. 이것도 맞는 말이겠지만, 그러나 실험보다 더 시급한 것은 학생들에게 자연현상에 대해 그리고 사물에 대해 생각하고 사고하는 법을 가르쳐야 하는 것이 아닐까 하는 생각을 자주 한다.

무엇을 왜 어떻게 관찰해야 하는지, 그리고 그 결과들은 무엇을 의미하는지 생각할 줄 모르는 상태에서 막연하게 선생님이 시키는 대로 진행하는 실험실습은 학생들에게는 어쩌면 단순한 노동에 불과할지도 모른다. 그렇지 않으면 고작해야 그 실험보다 더 싫은 주입식 강의에서 해방되는 시간에 불과할 수도 있다.

어쨌든, 지금부터 하나씩 제시되는 개념을 파악하기 위한 사고의 전개방식은 너무나 당연한 것으로 보일 수도 있겠지만 독자 여러분들의 공부나 일상생활에 조금이라도 도움이 되었으면 한다.

둘째 장

개념의 기초

×
×
×
×
×
×
×
×
×
×
×
×
×
×

많은 사람들이 물리는 무작정 암기해서는 안 되고 개념을 파악해야 한다고 하는데 도대체 그 개념이란 무엇일까?

개념(概念)을 잡아라?

어렸을 때부터 들었던 흔한 말 중의 하나가 물리나 수학을 잘하려면 '개념을 잘 알아야 한다.'는 것이었다. 이런 과목들은 다른 암기과목과 달라서 무작정 외워서는 안 되고 기초가 튼튼해야 하고 개념 파악을 제대로 해야 한다는 말을 자주 들었는데, 안타깝지만 막상 그 개념이란 게 무엇이고 그 개념이란 것을 어떤 방법으로 파악해야 하는 것인지에 대해서는 사실 그 누구에게도 설명을 들어 본 기억이 없다.

학교 선생님으로부터도 그렇고, 하물며 고2 때 다녔던 어느 유명한 학원의 단과반 선생님에게도 그 개념이란 것을 어떻게 잡아나가는 것인지 설명을 들은 기억이 없다. 그보다는 물리공식을 어떻게 하면 더 잘 암기하고 문제풀이에 어떻게 적용할 수 있는지 그런 류의 강의만 들은 듯하다.

마치 들을 때는 재미도 있고 다 이해한 것 같은데 막상 끝나고 돌아서서 나오면 다 잊어 버리고 설명을 들은 문제 외에 다른 응용문제, 특히 배배 꼬고 비튼 문제를 풀려면 어떻게 그 공식을 적용해야 하는지 감조차 잡히지 않는 그런 강의 말이다.

그때는 아무리 열심히 노력해도 성과는 없고 그 개념이란 놈은 아득히 먼 곳에 있는 신기루와 같아서 도저히 다다를 수 없는 듯한 난감한 느낌을 경험한 사람이 필자 외에도 적지 않을 것이다.

그렇다면 도대체 그 '개념을 파악한다.'는 것은 무얼까? 그리고 어떻게 해야 그 개념을 쉽게 파악할 수 있는 것일까? 사람마다 차이가 있겠지만, 적어도 물리에서는 자연현상의 이치가 기호와 수식을 통해 압축적으로 표현되어 있는 '물리공식'의 의미를 하나하나 머릿속으로 이해하고, 그 공식에 붙은 가정과 조건을 하나씩 변화시켜 가면서 그에 따라 결과가 어떻게 바뀌는지 추론할 수 있는 정도라면 개념을 파악했다고 할 수 있지 않을까 생각한다. 그리고 그렇게 자기가 파악한 내용을 다른 사람에게 쉽게 설명하여 이해시킬 수 있는 단계라면 그 개념을 완전히 파악한 것이라고 말할 수 있을 것이다.

이 글을 읽는 독자 분들 중에서는 암호와 같은 공식을 이해하기도 힘든데 도대체 언제 그런 수준까지 갈 수 있는지 아득한 분들도 있을 것이다. 물론 예전의 필자와 같이 그런 단계에 가 본 적이 없는 사람들에게는 아주 어려운 일처럼 보이는 게 당연할 수도 있다.

앞에서 말한 것처럼 필자가 기술고등고시를 준비하면서 기존의 참고서를 치우고 대신 대학 물리학개론 책을 잡았을 때, 이런 생각을 했던 기억이 새롭다. "어떤 사람은 새로운 이론을 발견하거나 만들어 놓기까지 하는데, 나는 남들이 발견하거나 만들어 놓은 것을 이해조차 못해서야 되겠는가?" 하는 일종의 오기라면 오기 말이다.

그러나 그 책을 보면서 처음 얼마 동안의 어려운 과정을 지나고 나니 사실 그게 그렇게까지 오기를 부리지 않아도 누구나 될 수 있는, 그렇게 어려운 일만은 아니라는 것을 알게 되었다. 그리고 그것은 독자들에게도 거의 마찬가지일 것이라고 생각한다.

이제 그 개념을 잡아가는 방식을 본격적으로 하나씩 설명하고자 한다. 물론 이런 방법을 단번에 자기 몸에 체득하기는 어려울 수도 있겠지만, 몇 번 반복해서 음미하여 읽다 보면 독자 여러분도 금방 개념을 잡아가는 방법을 익히게 될 것이라고 생각한다.

설령 수식이나 기호라면 보기도 전에 질색하고 머리가 지끈거려 생각조차 하기 싫은 사람이라고 하더라도 일단은 숨 한번 들이쉬고 앞으로 소개되는 내용을 차근차근 끝까지 읽어봤으면 한다.

세상에 존재하는 것은 나름대로 다 그 존재의 이유가 있는 것이고, 사람들이 옛날부터 기호와 수식을 사용하고 그 사용량이 점점 더 확대되는 것은 그것을 사용하는 것이 훨씬 편리하기 때문이 아닐까 생각하면서 수식과 공식에 대한 잘못된 선입견이나 편견부터 머릿속에서 지워보는 것도 괜찮을 것이다.

사실 수식이나 공식 한 줄이면 충분히 함축하여 표현될 수 있는 내용도 일일이 말로 설명해야 한다면 얼마나 장황해지고 지루해질 것이며, 또 그것을 반복적으로 쓰고 읽기 위해서 얼마나 많은 시간과 노력을 낭비하겠는가? 이러한 공식의 존재가치를 믿고 이제부터 설명하는 그 해득(解得) 방법과 자연의 이치를 사고하는 방법을 하나씩 깨쳐 나갔으면 한다.

놓치기 쉬운 등호(等號; Equal)의 다양한 의미

수학이나 물리과목을 공부하다 보면 수많은 수식이나 공식을 접하게 되는데 그 수식이나 공식에는 거의 대부분 'equal' 즉, '=' 기호가 포함되어 있다. 예를 들어, 뉴턴의 운동 제2법칙인 $f = ma$란 공식을 보면, 여기에도 역시 등호가 포함되어 있다. 우리가 이 공식을 읽으면서 너무나 자연스럽게 equal 이라고 발음하고, 그 의미를 '같다' 또는 '이다'라고 이해한다. 물론 이것은 너무나 당연히 맞다. equal은 당연히 'equal 기호의 좌우가 같다.'라는 것을 의미한다. 이러한 사실에 조금이라도 이의가 있을 수 없다.

그러나 물리에서 개념을 잡아가면서 즉, 공식을 더 정확히 이해하기 위해서는 다양한 방법으로 등호의 의미를 해석할 필요가 있다. 물론 이러한 다양한 해석도 역시 '좌우가 같다.'라는 등호의 기본적인 의미에서 파생된 것이긴 하지만, 어쨌든 그렇더라도 다음과 같은 해석방법에 익숙해질 필요가 있다.

이것은 물리적 개념을 이해하는 첫 단계에 해당되는데, 많은 사람들이 이러한 해석방법에 익숙하지 않기 때문에 물리공식을 암기하고 있으면서도 그 공식이 의미하는 바를 말로 풀어서 질문하면 대답을 하지 못하고 당황하여 쩔쩔매는 것을 여러 번 보았다.

$$\vec{A} = \vec{B} \quad (1)$$

위의 (1)식과 같은 형태의 공식은 물리과목에서 흔히 볼 수 있다. 글씨 위의 화살표는 두 물리량이 크기 외에 방향까지 고려해야 하는 vector[1]임을 나타내고 있다.

위의 (1)식이 뜻하는 바는 무엇일까? (1)식을 어떻게 해석해야 할까? 그냥 'A는 B와 같다.'라거나 또는 'A는 B다.'라고 읽고는 바로 이 공식을 암기하려고 하는 것은 아닌가?

대체로 위의 (1)식을 아래와 같은 순서로 해석한다. 다시 말해, 아래와 같은 순서로 (1)식이 의미하는 바를 이해하려 하고 그게 정말 맞는 말인지 이해될 때까지 생각해 보고 또 생각해 본다.

0. **A는 B다. 그리고 B는 A다.**
1. **A와 B의 단위가 같아야 한다.**
2. **A가 벡터(vector)라면 B도 벡터다. 그리고 B가 벡터라면 A도 벡터가 되어야 한다.**
3. **A와 B가 둘 다 벡터이기 때문에, A와 B는 크기가 같을 뿐만 아니라 방향도 같아야 한다.**
4. **A가 존재하면 B가 존재한다. 마찬가지로 B가 존재하면 A도 존재해야 한다.**

---

1) 여러 가지 물리량 중 온도나 질량처럼 그 크기만을 고려하는 것을 스칼라(scalar)라고 하고, 힘처럼 얼마나 큰 힘이 어느 쪽으로 작용하는지 그 크기와 방향을 동시에 생각해야 하는 것을 벡터(vector)라고 한다.

5. A가 존재하지 않으면(없으면 또는 0이면) B도 존재하지 않는다(없다 또는 0이다). 또한 B가 존재하지 않으면 A도 존재하지 않는다.

위에 정리한 여섯 가지 이외에도 또 달리 해석하는 방법이 있는지는 잘 모르겠지만, 필자가 물리공식에서 개념파악을 위해 해석하는 equal의 의미는 대략 위의 여섯 가지다.

A와 B가 벡터가 아니고 크기만 갖는 스칼라라면 즉, A = B라면 앞의 해석에서 3번 항은 필요가 없다. 그리고 2번의 해석이 'A가 스칼라이면 B도 스칼라다.'로 바뀔 뿐이다.

사실 앞의 equal의 의미에 대한 여섯 가지 해석이란 것은 별 것 아니다. 특별하게 발견해낸 것도 아니다. 그러나 물리공부를 하면서 필자는 어떤 공식을 만나면 대개 습관적으로 앞의 순서대로 해석하여 그 공식을 이해하려 한다.

그중에서도 첫째 항목은 독자 여러분에게도 너무나 익숙한 것이라 번호를 0번으로 붙였다. 어떤 사람들은 나머지 것들도 너무나 당연한 것들이라 뭐 새삼스러울 게 있겠는가 하겠지만, 실제 주어진 수식을 보면서 위와 같은 equal의 의미를 습관적으로 차근차근 따져보는 사람들은 의외로 그렇게 많지 않다고 생각한다. 이미 그렇게까지 습관을 들인 정도의 독자라면 물리에서 개념 파악을 하지 못해서 고생할 리도 없을 것이다.

앞의 여섯 가지 해석 단계를 뉴턴의 운동 제2법칙을 예로 들어 본다. 뉴턴의 운동 제2법칙을 공식으로 표현하면 어떤 물체에 대해 질량이 일정하다고 가정했을 때 (2)식과 같이 주어진다.

$$\vec{F} = m\vec{a} = m\frac{d\vec{v}}{dt} \qquad (2)$$

(2)식은 '힘은 질량 m과 가속도 $\vec{a}$의 곱과 같다.' 또는 '힘은 질량 m에 속도의 시간에 대한 변화율 $d\vec{v}/dt$, 다시 말해 일정시간 동안 속도가 얼마나 변하는지를 나타내는 비율을 곱한 것과 같다.'는 것을 뜻한다. 마찬가지로 '질량 m에 가속도 $\vec{a}$를 곱한 것은 힘과 같다.'는 것을 나타내고 있다.

이것은 27쪽에서 제시한 equal기호의 해석 순서 중의 0번에 따라 해석한 것이다.

너무나도 중요한 단위(單位; unit)

다음은 equal 기호의 해석순서 1번에 대해 생각해 보기로 한다.

우리가 흔히 듣고 사용하는 말 중에 "Time is money(시간은 돈이다)."라는 말이 있다. 이 말은 돈의 소중함에 빗대 시간의 중요성을 설명하기 위해 사용되는 말이다.

그러나 물리에서는 "Time is money."와 같은 형태의 수식은 허용되지 않는다. 왜냐하면 equal의 양쪽에 있는 물리량의 단위는 반드시 일치해야 하는데, 시간(Time)의 단위는 초(sec), 시간 (hour) 또는 일(day) 등으로 사용하는 반면에 돈(money)의 단위는 원, 엔, 달러 등으로 서로 다르기 때문이다. 물론 일상사에서는 시간을 들여 일을 하면 그 대가로 돈을 벌 수도 있다는 점에서 즉, 시간이 돈으로 전환될 수 있다는 점에서 "시간은 돈이다."라는 등식이 성립할 수도 있겠지만, 물리학에서 등호의 좌우에 있는 물리량의 단위는 반드시 같아야 하기 때문에 허용되지 않는다.

equal 기호 양쪽의 단위가 같아야 한다는 말은 유체역학(流體力學) 등과 같은 공학에서는 차원해석(次元解析; dimension analysis)이라는 분야로 깊이 있게 다루기도 하지만, 어렵게 말할 것도 없이 equal 기호(等號: 같다는 의미의 기호) 양쪽의 물리량이 같다는 점에서 그 단위가 같아야 한다는 것은 생각할 것도 없이 너무나 당연한 이야기다.

즉, 앞에 주어진 (1)식에서 A가 힘을 나타내면 B도 힘이어야 한다는 것이다. A가 힘을 표시하는데, B는 속도라면 그때 A와 B는 서로 다른 것으로 둘이 같다고 할 수 없지 않겠는가? 따라서 사실 이것은 너무나 당연한 것이다.

간과하기 십상이지만 새로운 수식을 접할 때마다 먼저 주어진 수식의 양쪽(즉, A와 B)의 단위가 서로 같은지 따져 보는 것을 습관화해 놓는 것이 좋다. 많은 사람들이 수식을 접하면서 너무나 당연한 사실이라서 그런지 몰라도 이 부분을 소홀히 하고 그냥 바로 단위를 암기하려는 경향을 갖고 있는데, 이는 잘못된 방법이다. 가능하면 반드시 MKSC 단위계[2]로 풀어서 A와 B의 단위가 같은지 따져 보는 습관을 들이는 것이 중요하다.

(2)식을 예로 들면 힘의 단위는

$$\vec{F} = m\frac{d\vec{v}}{dt} \rightarrow kg \cdot \frac{m/sec}{sec} = kg \cdot m/sec^2$$

가 되는데, $1\,kg \cdot m/sec^2$을 1N(Newton)이라고 한다. 따라서,

$$1N = 1kg \cdot m/sec^2 \qquad (3)$$

2) MKSC 단위계는 모든 단위를 기본단위인 길이(meter), 질량(kg), 시간(second), 전하량(Coulomb)의 조합으로 나타내는 것으로, 예를 들어 힘의 단위인 1N (Newton)을 1kg·m/sec^{2}으로 표시하는 방식이다.

이다. $kg \cdot m/sec^2$의 단위를 잘 살펴보면 kg은 질량 m의 단위이고 m/sec^2은 가속도 $\vec{a}$의 단위이기 때문에 (2)식에 주어져 있는 $m\vec{a}$의 단위와도 같은데, 이것은 너무나 당연한 결과이다.

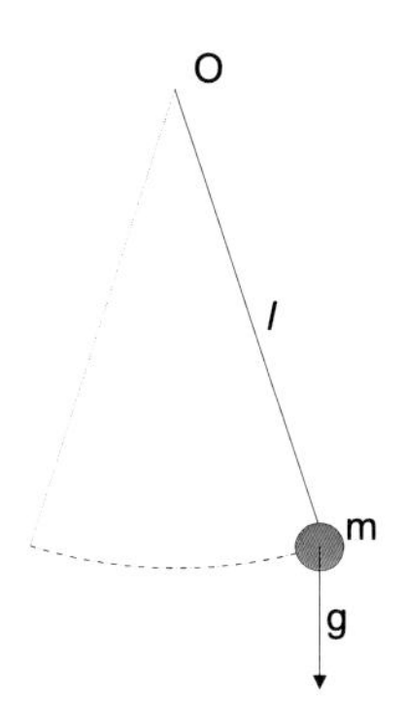

〈그림 2-1〉 단진자

이렇듯 단위를 따져 확인하는 과정은 공식에 나타난 물리량에 대한 이해를 도와주기도 하지만, 그 외에도 객관식 시험의 경우에 때로는 계산하지 않고 정답을 빨리 찾을 수 있는 요령이 되기도 하고, 7장에서도 다시 다루겠지만 주관식 문제에서는 자기가 풀은 답이 맞는지 확인할 수 있는 유효한 검증수단이 되기도 한다.

예를 들어, 〈그림 2-1〉에 주어진 단진자의 주기(周期; period)는 아래 식과 같다.

$$T = 2\pi\sqrt{l/g} \qquad (4)$$

여기서, l은 진자의 길이(m), g는 중력가속도(m/sec^2)이다.

주기 T는 줄에 매달려 흔들리는 단진자가 처음의 위치로 다시 돌아올 때까지 걸리는 시간을 나타내므로 당연히 그 단위는 시간 즉,

sec(초)이다. 그러므로, 우측의 단위도 역시 sec 가 되어야 한다. 이를 실제 확인해 보면, 그 결과도 시간의 단위인 sec가 된다.

$$\sqrt{l/g} \rightarrow \sqrt{\frac{\mathrm{m}}{\mathrm{m/sec^2}}} = \sqrt{\frac{1}{1/\mathrm{sec^2}}} = \sqrt{\mathrm{sec^2}} = \mathrm{sec}$$

다시 말해 너무나 당연한 이야기지만, equal 기호의 좌우의 단위가 모두 시간으로 같다는 것을 알 수 있다. 이렇게 단위를 따져 확인하는 것은 그렇게 어렵지는 않은 일이지만, 물리나 자연과학, 공학분야에서는 많은 종류의 단위가 사용되므로 자칫 소홀히 하다 보면 그 단위의 의미가 헷갈리게 되고 때로는 이것이 물리에 대한 자신감까지 잃어버리게 만들기도 한다. 그러므로 다소 귀찮더라도 평상시에 등호의 좌우에 있는 A와 B의 단위가 같은지 일일이 확인하는 습관을 들여두는 것이 좋다.

다시 말하지만, equal 기호의 좌변의 단위가 길이라면 우변도 길이가 되어야 하고, equal의 우변이 시간이면 좌변 또한 시간이 되어야 한다. 그것이 두 물리량 'A와 B가 서로 같다.'는 equal이 성립하기 위한 첫 번째 기본 요건인 것이다.

또한 앞에서 힘의 단위를 *N*(Newton)으로 약속한 것처럼 어떤 물리량의 단위를 MKSC 단위로 일일이 풀어서 쓰는 것은 복잡하기 때문에 편의상 다른 용어로 약속하여 사용하는 경우가 많다는 것을 염두에 두어야 한다. 예를 들어, 에너지의 단위는 MKSC 단위로는 $kg \cdot m^2/sec^2$ 이지만, 편의상 주울(joule)이나 칼로리(calorie)를 많이 사용한다. 즉,

$$1J\ (\text{joule}) = 1kg \cdot m^2/sec^2 = 1N \cdot m$$

$$1cal\ (\text{calorie}) = 4.9J\ (\text{joule}) = 4.9kg \cdot m^2/sec^2 = 4.9N \cdot m$$

그렇다고 이렇게 약속된 단위를 무작정 외우려 해서는 안 된다. 위의 단위를 자세히 살펴보면, 에너지의 단위인 joule이 힘의 단위인 Newton과 거리의 단위인 m의 곱으로 구성되어 있다는 것을 알 수 있다.

물리에서 사용되는 일(work)은 힘이 어떤 물체에 작용해서 그 힘의 방향으로 이동한 거리의 곱으로 정의되기 때문에, 그 일의 단위도 힘의 단위인 Newton에 거리의 단위인 미터(m)를 곱한 것이 된다.

또한 에너지라는 것은 얼마나 많은 일을 할 수 있는가를 나타내는 물리량이기 때문에 그 단위도 일과 같다. 따라서 물리학에서 사용되는 단위란 것은 무작정 외울 것이 아니고, 이런 방식으로 단위를 MKSC 단위계로 분해하여 그 의미를 따져 생각하다 보면 자연스럽게 기억되는데, 이러한 방법이 그냥 무작정 암기하는 것보다는 더 좋은 방법이라고 생각한다.

벡터와 스칼라의 혼용이 헛갈리는 주요원인

크기만 생각하는 스칼라와는 달리 벡터는 크기와 방향을 모두 고려해야 하는 물리량을 말하는데, 힘이나 속도가 이에 해당한다. 힘의 경우, 얼마만한 크기의 힘이 어느 방향으로 작용하는지 모두 고려해야 하는데, 이는 왼쪽으로 작용하는 힘과 오른쪽으로 작용하는 힘은 힘을 받는 물체가 서로 반대방향으로 움직이게 만들어 그 결과가 정반대가 되기 때문이다. 속도 역시 어떤 물체가 얼마나 빨리 움직이는가 외에 어느 쪽으로 움직이는가를 모두 표시해야 한다. 이는 물체의 빠르기만 표시하는 즉, 속도의 크기만 나타내는 스칼라량인 속력과 구분된다.

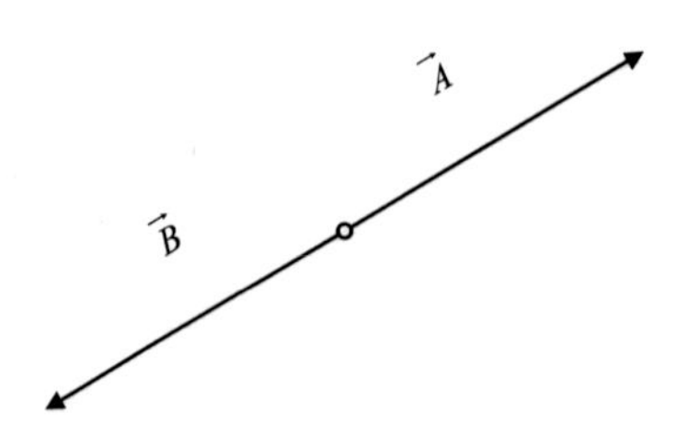

〈그림 2-2〉 방향이 반대인 벡터

이와 같이 벡터는 크기와 방향을 모두 고려해야 하기 때문에 〈그림 2-2〉에 주어진 벡터 $\vec{A}$와 벡터 $\vec{B}$는 그 크기는 서로 같지만 방향이 다르기 때문에 완전히 다른 벡터이다. 벡터는 일반적으로 앞의 $\vec{A}$나 $\vec{B}$처럼 글자 위에 방향을 나타내는 화살표(→)를 붙여서 표시하거나 굵은 글씨로 표시하기도 한다.

벡터의 크기는 $|\vec{\mathrm{A}}|$나 $|\vec{B}|$처럼 벡터값에 절대값 기호를 붙이거나 또는 A나 B처럼 화살표가 없이 표시하기도 한다.

그런데 어떤 물체가 얼마나 뜨거운지 차가운지를 나타내는 물체의 온도의 경우는 방향이란 게 없다. 물체의 온도는 몇 도나 되는지 그 크기만이 문제일 뿐이다. 이렇게 크기만을 고려하는 물리량을 스칼라라고 하며, 벡터와 달리 글자 위에 화살표 없이 A나 B로 표시한다.

이처럼 벡터와 스칼라는 그 정의부터가 완전히 다른 것으로 (1)식에서와 같이 등호의 왼쪽이 벡터이면 오른쪽 역시 벡터여야 한다. 왼쪽($\vec{\mathrm{A}}$)이 크기와 방향을 동시에 고려해야 하는 벡터인데도 불구하고 오른쪽($\vec{B}$)이 방향을 고려하지 않아도 되는 스칼라라면 그것은 서로 같지 않은 것이다. 즉, 잘못된 식이다. 다시 말해, 이런 경우에는 양쪽이 같다는 것을 의미하는 equal 기호를 쓸 수 없다.

예를 들어, (2)식의 경우에도 equal의 좌우가 모두 벡터로 표시되어 있다. 등호의 좌측이 힘 $\vec{F}$로 벡터이므로 우측 역시 가속도 $\vec{a}$나 속도 $\vec{v}$와 같은 벡터가 포함되어 있는 것이다.

벡터는 특히 방향이 중요하다

이와 같이 벡터와 스칼라는 정의부터가 서로 다른데도 많은 물리 참고서들이 이를 명백히 구분하지 않고 혼용하고 있다.

더 엄밀히 말하자면 앞에서 살펴본 것처럼 어떤 공식을 벡터형태로 표시하면 그 공식으로부터 어떤 물리량의 크기와 방향을 모두 추론하여 알 수 있는데도, 많은 책이 이를 벡터로 표시하지 않고, 크기만을 나타내는 스칼라형식으로 표시하고 있다. 따라서, 주어진 공식으로부터 그 물리량의 방향을 추론해낼 수 없기 때문에 각 물리량의 방향에 대해서는 별도로 장황하게 설명할 수밖에 없다.

그런데 이런 서술방식이 물리량의 특성을 파악하는 것을 도와주는 것이 아니라, 오히려 자연스러운 사고의 전개를 어렵게 만드는 것이다.

$$\vec{F} = m\vec{a} = m\frac{d\vec{v}}{dt} \qquad (2)$$

예를 들어, 다시 한 번 뉴턴의 운동 제2법칙을 나타내는 (2)식을 살펴보면, 이 식으로부터 힘 $\vec{F}$의 방향은 가속도 $\vec{a}$의 방향과 같고, 또한 속도의 변화 $d\vec{v}$의 방향과 같다는 것을 알 수 있다. 그리고 이를 역으로 우변부터 다시 생각하면 결국 같은 이야기지만 속도의 변화방향 $d\vec{v}$와 가속도 $\vec{a}$의 방향, 그리고 힘 $\vec{F}$의 방향이 서로 같다는 것을 알 수 있다.

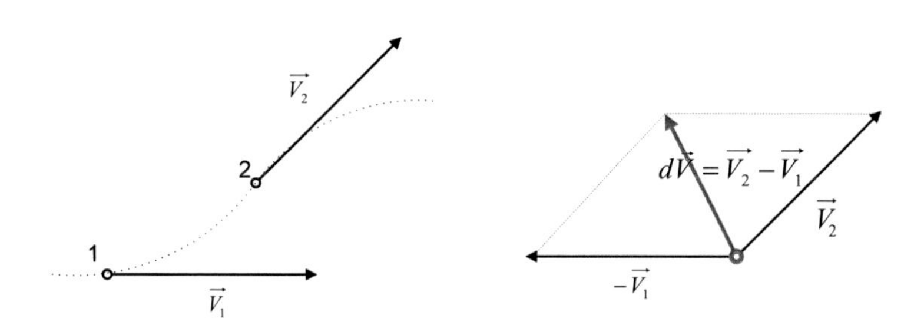

〈그림 2-3〉 속도의 변화와 변화방향

이것을 그림으로 살펴보면 위의 〈그림 2-3〉과 같이 어떤 질점이 점선의 경로를 따라 1점에서 2점으로 이동한다면, 1점에서의 속도 $\vec{V}_1$과 2점에서의 속도 $\vec{V}_2$는 서로 다르다는 것을 쉽게 알 수 있다. 왜냐하면, 두 속도의 방향이 다르기 때문에 설령 그 속도의 크기가 같더라도 두 속도는 서로 다른 것이 되기 때문이다. 다시 말해, 속도가 달라졌으므로 속도의 변화가 일어났으며 〈그림 2-3〉의 오른쪽 그림에서 빨간색으로 표시된 벡터가 속도의 변화 $d\vec{V}$를 나타낸다.

그리고 (2)식으로부터 가속도 $\vec{a}$의 방향이나 힘 $\vec{F}$의 방향이 모두 속도의 변화 $d\vec{V}$의 방향과 모두 같은 방향임을 알 수 있다. 질점이 1에서 2로 이동하는 중에 외부에서 힘이 이 방향으로 작용했다는 것을 의미한다.

이와 같이 공식을 벡터형식으로 표시하면 그 공식으로부터 물리량의 크기 외에도 방향에 대한 정보까지 바로 추론이 가능하다는 것을 알 수 있다. 스칼라형식의 공식을 사용하는 경우, 물리량의 방향에 대해서는 공식과 완전히 분리하여 별도로 설명할 수밖에 없다.

$$F = ma = m\frac{dv}{dt} \qquad (5)$$

예를 들어 질량이 일정한 경우의 운동 제2법칙을 (5)식과 같은 스칼라 형식으로 표시할 경우, 벡터 형식으로 표시된 것과 같이 주어진 공식에서 바로 힘의 방향과 가속도의 방향의 관계를 추론해낼 수 없기 때문에 이를 별도로 설명해야 하는데, 문제는 개념 파악을 위한 사고 전개상 (5)식과 아무런 연관관계가 없기 때문에 추론에 의해 자연스럽게 이해하는 것이 아니라 따로 암기하여 기억해야 하는 것이다. 따라서 생각과 사고의 단절이 발생하게 된다.

돌이켜 보면 왜 고등학교 때 본 참고서들이 이런 서술방식을 채택하고 있는지 사실 잘 이해가 되질 않는다. 왜냐하면, 이 정도의 설명에 필요한 벡터에 대한 지식은 고등학교 교과과정의 수학과목에서도 충분히 가르치고 있는데도, 왜 물리과목에서는 책 앞부분에 벡터와 스칼라가 어떻게 다른지 피상적인 수준에서 잠깐 설명하고는 막상 벡터형태의 공식 표현방식을 사용하지 않는지 이해할 수가 없다. 물리과목을 공부하는 데 물리량의 방향은 아주 중요한 의미를 갖고 있음에도, 그것을 공식으로부터 바로 추론해내는 방법을 배제하고 공식과 단절된 내용으로 일일이 따로 암기해야만 하는 접근방식을 채택하고 있는데, 이러한 접근방식이 학생들로 하여금 물리를 더 어렵게 느끼도록 만들고 있는 것은 아닌지 깊이 생각해 볼 일이다.

자연현상이나 사물의 이치를 이해한다는 것은 물리학자들이 연구와 실험 등을 통해 만들어 놓은 공식을 이용해 사고와 추론을 통해 자연스럽게 얻어지는 것이지, 어떤 공식을 암기하거나 무작정 외운다고 해서 얻어지는 것이 아니다.

이런 면에서 볼 때 참고서들 대부분의 서술방식은 사고의 전개를 통한 개념파악에 도움을 주기는커녕 오히려 이를 단절시켜 공부하는 사람들이 결국 물리를 어렵게 느끼게 만드는 문제를 갖고 있다고 생각한다.

▪ 공식을 말로 풀어 이해하는 방법

물리과목 시험을 치러 보면 공식을 단순히 적용하여 계산을 하는 문제보다 공식을 말로 풀어 써놓고 맞는지 틀리는지를 가리는 문제를 학생들이 훨씬 더 어려워하는 것을 볼 수 있다.

그것은 아마도 대부분의 물리 참고서들이 공식을 하나 놓고 그 공식이 의미하는 바를 아주 간단한 수준에서 설명하고는 곧바로 그 공식을 이용해서 바로 풀어낼 수 있는 계산문제를 예제로 제공하는 경우가 많기 때문에 공식이란 것을 보면 단순히 그 공식을 숙지하고 그것을 이용해서 계산문제를 풀기 위한 것이란 선입견이 우리들의 머릿속에 자리 잡고 있기 때문이 아닌가 싶다.

그러나 공식은 그것을 외워서 바로 계산문제를 풀어내는 데 적용하기 위한 것이라기보다는 그 공식에 함축된 자연현상에 대한 여러 가지 의미를 파악하고 이해하는 것이 더 중요하다. 물리공식이라는 것은 물리학자들이 자연현상을 집약적으로 표현한 것이기 때문이다.

이해를 돕기 위해 예를 하나 살펴보자. 독자 여러분도 앞에서 설명한 내용을 참고로 하여 다음 설명 중 틀리는 것을 함께 찾아 봤으면 한다.

① 힘의 단위는 N(Newton)이다.

② 어떤 질점의 질량이 일정한 경우, 힘이 작용하는 방향은 항상 그 질점의 가속도의 방향과 같다.

③ 가속도의 방향은 속도의 변화방향과 같다.

④ 어떤 질점의 속도의 크기(속력)가 변하지 않고 일정하다면, 그 질점에는 힘이 작용하지 않는다.

위 문제의 답은 ④번이다. 즉, ④번의 설명이 틀렸다. 독자 여러분들도 답을 쉽게 찾았는지 궁금하다. 아시는 바와 같이 ①, ②, ③번은 이미 앞에서 설명한 내용과 같다. 이제부터 ④번의 설명이 왜 틀렸는지 주어진 공식에서 찾아내는 방법을 살펴보자.

전술한 equal 기호의 의미 중 4, 5번 항목에 해당한다. 즉, **"등호의 좌변이 존재하면 우변도 존재하고, 마찬가지로 우변이 존재하면 당연히 좌변도 존재해야 한다. 그리고, 등호의 좌변이 없으면(0이면) 우변도 없고(0이고) 그 반대도 마찬가지다.**"라는 사실을 이용해서 해석하는 것이다.

앞의 (2)식을 활용하여 ④번의 설명이 왜 틀리는지 확인해 보자.

$$\vec{F} = m\vec{a} = m\frac{d\vec{v}}{dt} \qquad (2)$$

(2)식을 앞의 설명에 따라 말로 풀어 보면, 어떤 질점의 질량이 일정[3]한 경우 그 질점에 힘 $\vec{F}$가 작용하면(**등호의 왼쪽이 존재하면**), 가

3) 3장의 "가정과 조건"편에서 다시 상세하게 설명하겠지만, (2)식에는 '물체의 질량 m이 변하지 않고 일정하다면'이라는 조건이 붙어 있다는 것에 유념할 필요가 있다.

속도 $\vec{a}$가 발생하고, 또한 속도의 변화 $d\vec{v}$가 발생한다(**등호의 오른쪽이 존재한다**). 따라서, 힘 $\vec{F}$가 작용하면 벡터인 속도의 크기가 변하거나 또는 방향이 변한다. 물론 속도의 크기와 방향이 모두 바뀔 수도 있다.

(2)식을 다시 앞에서와 반대방향으로 해석하면, 어떤 질점의 질량이 일정한 경우 그 질점의 속도의 크기가 변하거나 방향이 변한다면 (**등호의 오른쪽이 존재하면**), 그 질점에 가속도가 존재하고, 힘이 작용하고 있다(**등호의 오른쪽이 존재한다**)는 것을 알 수 있다. 너무나 당연한 말이지만, 속도가 크기와 방향을 둘 다 고려해야 하는 벡터량이기 때문에, 〈그림 2-4〉나 〈그림 2-5〉처럼 크기나 방향 둘 중의 하나만 바뀌어도 속도는 일정하지 않고 변한다는 것을 알아야 한다.

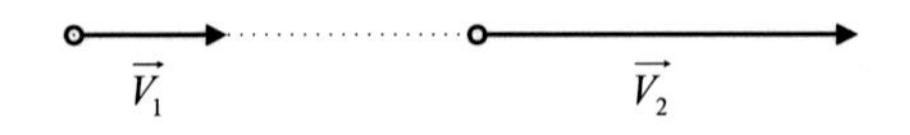

〈그림 2-4〉 속도의 크기가 변하는 경우

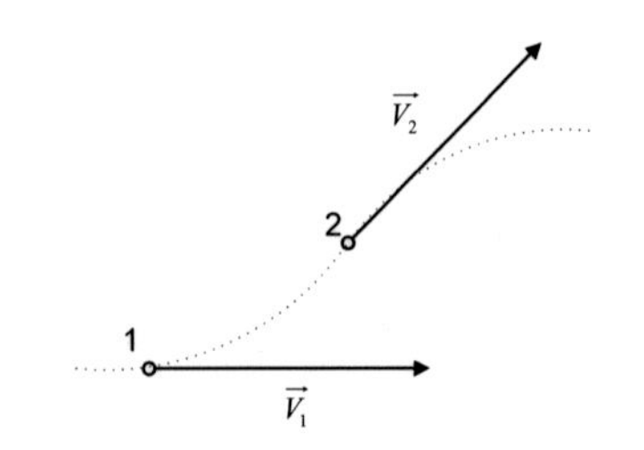

〈그림 2-5〉 속도의 방향이 변하는 경우

앞의 문제 중 ④번 설명은 속도의 크기가 일정하고 그 방향만 변하는 경우에도 속도가 변한 것이고, 따라서 힘이 작용한 것이기 때문에 틀린 설명이라는 것을 알 수 있다.

또한 (2)식에서 어떤 질점의 질량이 일정한 경우 힘이 작용하지 않으면[**등호의 왼쪽이 없으면(0이면)**], 가속도가 없고 따라서 속도의 변화도 없다[**오른쪽도 없다(0이다)**]. 즉, 힘이 작용하지 않으면 속도가 일정하다는 사실을 알아낼 수 있다.

앞에서 여러 번 설명한 것처럼 속도는 크기와 방향을 갖는 벡터이기 때문에 속도가 변하지 않고 일정하다는 것은 그 크기와 방향이 모두 변하지 않고 일정하다는 것을 뜻하는데, 이것은 어떤 질량이 일정한 질점이 힘을 받지 않는다면 〈그림 2-6〉과 같이 일정한 속력(속도의 크기)으로 직선운동을 해야 한다는 것을 의미하며, 속도의 크기가 일정한 경우 중 특수한 경우로 그 크기가 0일 때가 있는데 이것은 물체가 움직이지 않는 정지상태를 나타낸다.

이를 다시 정리하면 질량이 일정한 어떤 질점에 힘이 작용하지 않는다면 그 질점은 일정한 속력(크기)으로 직선운동을 하거나 또는 정지상태로 있게 된다고 할 수 있다.

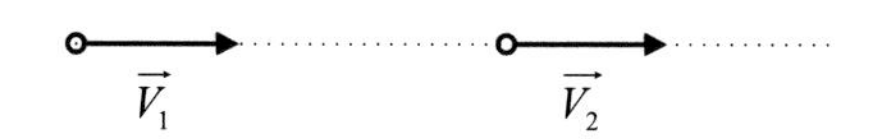

〈그림 2-6〉 속도가 변하지 않고 일정한 경우

다시 이를 역순으로 해석하면, 어떤 질량이 일정한 질점이 일정한 속력으로 방향의 변화 없이 직선운동을 하거나 또는 정지상태에 있다면[**등호의 오른쪽이 없으면(0이면)**], 그 질점에는 힘이 작용하지 않고 있다[**왼쪽도 없다(0이다)**]는 것을 알 수 있다.

사실 이와 같은 내용들은 앞에서 설명한 순서대로만 생각하면 주어진 공식에서 충분히 도출해낼 수 있는 것들이고, 몇 번 반복해서 연습을 하다 보면 독자 여러분들도 금방 익숙해질 것이다.

다만, 문제는 이렇게 공식에서 유추해낸 내용들이 정말 머릿속에서 완전히 이해되었는가 하는 것이다. 왜냐하면, 앞의 (2)식에서 유추해낸 내용 중에 "**어떤 질량이 일정한 질점에 외부에서 힘이 작용하지 않는다면, 그 질점은 속도의 크기나 방향이 변하지 않기 때문에 일정한 빠르기로 직선운동을 한다.**"는 사실은 실제 우리가 살아가는 일상생활에서는 접하기 어려운 내용이므로 (2)식에서 말로 그 결과를 도출해냈다고 하더라도 쉽게 납득이 되지 않을 수도 있기 때문이다.

가정과 조건이 착오와 혼선의 원인

물리과목을 어려워하는 원인 중의 하나가 실제 우리가 일상에서 경험하고 있는 것과 물리에서 접하는 이론이 때로 너무나 다르기 때문이 아닌가 싶다. 그것은 그 공식에 붙어 있는 가정과 조건 때문에 앞에서 제시한 방법처럼 주어진 공식에서 도출해낸 결과가 실제 생활에서 우리가 경험하는 것과 전혀 다른 경우인데, 그 공식 앞에 붙어 있는 가정과 조건에 주목하지 못하고 결과만을 갖고 실생활에서 경험하는 것과 비교함으로써 그 결과의 차이를 이해하지 못하고 착각을 일으키기 십상이기 때문이다.

앞의 예만 하더라도, 우리가 실생활에서 어떤 질점에 일체의 힘이 작용하지 않는 경우를 찾아 보거나 경험하기는 사실상 어렵다.

왜냐하면, 우리가 살아가고 있는 지구에 있는 모든 물체는 이미 중력이라는 지구가 끌어당기는 힘을 받고 있고, 또한 대부분의 경우 물체 간에 작용하는 마찰력의 영향을 받고 있기 때문에, 실생활에서는 공을 던지면 공이 직선이 아닌 포물선 형태를 그리며 떨어진다든지, 미끄러운 얼음 위에서 물체를 밀었을 때라도 계속 일정한 속력으로 움직이지 못하고 얼마 못 가서 멈추어 서 버리는 것을 경험하기 때문에 힘이 작용하지 않아서 무한정 직선으로 움직이는 경우를 보기란 어렵기 때문이다.

이와 같이 공식에서 도출한 결과가 실제 경험과 크게 다를 수도 있기 때문에 그 공식에 주어져 있는 가정과 조건으로 인해 결과가 달라질 수 있다는 사실을 충분히 이해하지 못하고 그 결과를 자기가 일상에서 경험하는 사실이나 자연현상과 직접 비교하여 이해하려 한다면 그 내용에 착오와 혼선이 생길 수 있다는 것에 유념해야 한다.

따라서, 그 공식에 붙어 있는 가정과 조건에 대해 충분한 이해가 필요한데, 다음 장에서는 물리에서 이러한 가정과 조건이 왜 필요하고 이들을 어떻게 다루어야 하는지에 대해 다루고자 한다.

셋째 장

가정과 조건

×
×
×
×
×
×
×
×
×
×
×
×
×
×

가끔 이론은 내가 일상생활에서 경험하거나 접하는 것과 전혀 다른 결과를 제시하는데 그 주요 원인은 그 이론에 주어진 가정과 조건 때문이다.

복잡한 문제의 단순화 - 가정과 조건은 왜 필요할까?

언제부터였는지 모르겠지만 필자는 세상에 사람들이 만들어 놓은 것은 다 이유가 있고 그것은 대부분 쉽고 편리한 이점이 있기 때문이라는 생각을 하곤 했다.

어떤 사람들에게는 암호와 같이 느껴지는 기호와 수식으로 가득 찬 수학이나 물리에서 볼 수 있는 공식도 모두 그 학문을 공부하고 연구하는 사람들에게는 그것이 훨씬 사용하기 편리하고 쉽기 때문이라는 당연한 사실을 늦게야 깨달았다. 너무나도 당연한 그 사실을 절실하게 깨달은 게 대학 때 기술고등고시를 공부하던 중이었으니 참으로 늦기도 늦었지만, 그나마 그때라도 그 당연한 사실을 알게 된 것이 다행이다 싶다.

물리에서 접하는 공식들에는 왜 그렇게 가정[1]과 조건들이 붙어서 때로 복잡하고 골머리 아프게 하는지를 잘 생각해 보면 이것은 우리를 골치 아프게 하자는 것이 아니라 너무나 복잡한 자연현상을 가장 단순하고 쉬

---

1) 가정(假定)의 의미를 네이버 사전에서 찾아 보면, "결론에 앞서 논리의 근거로 어떤 조건을 내세우는 것"을 뜻하거나 그 조건이나 전제(前提)를 말하므로, 이 책에서는 가정이나 조건을 구별하지 않고 같은 의미로 사용하고자 한다.

운 경우부터 차근차근 설명해 나가기 위한 것을 알 수 있다.

앞 장에서 다룬 (2)식의 경우를 예를 들어 보면, (2)식은 "**질점의 질량이 변하지 않고 일정하다면**"이라는 가정이나 조건이 붙어 있다. 즉, 질점의 질량이 일정한 경우 Newton의 운동 제2법칙은 아래와 같이 표현된다.

$$\vec{F} = m\vec{a} = m\frac{d\vec{v}}{dt} \qquad (2)$$

그러나 조금만 더 생각해 보면 우리가 일상생활에서 접하는 대부분의 사물은 운동 중에 질량이 일정하지 않고 변한다는 것을 알 수 있다. 예를 들어, 자동차의 경우도 움직이기 위해서는 연료를 태워야 하는데, 자동차가 빨리 달리는 만큼 연료가 빨리 줄어들고, 이것은 자동차가 달리는(운동하는) 중에도 연료를 포함한 자동차 전체의 질량이 변하고 있음을 의미한다.

마찬가지로, 운동 중에 질량이 바뀌는 또 다른 사례로 로켓을 들 수 있다. 로켓은 강력한 추진력을 얻기 위해 자동차보다 훨씬 빠르게 연료를 태우기 때문에 연료를 포함한 로켓전체의 질량의 감소도 그만큼 급격하게 일어난다. 따라서 로켓의 운동을 정확히 설명하기 위해서는 운동 중에 일어나는 질량의 변화도 고려해야 하는데, 이것을 수식으로 나타내면 (6)식과 같다.

$$\vec{F} = m\frac{d\vec{v}}{dt} + \vec{v}\frac{dm}{dt} \qquad (6)$$

여기서, 둘째 항의 dm/dt은 시간에 따른 질량의 변화를 의미한다. 독자 여러분들도 바로 알 수 있는 것처럼 질량의 변화를 포함하고 있는 (6)식이 질량이 변하지 않고 일정한 (2)식보다 분명히 복잡하다. 그것도 많이 복잡해서 편미분을 배웠더라도 (6)식을 어떻게 다루어야 하는지 어렵게 생각하는 사람들이 적지 않을 것이다.

따라서 복잡한 자연현상을 단순화하여 간단하고 쉬운 사례부터 이해할 수 있도록, "**질량이 일정하다면(시간에 따른 질량의 변화** $dm/dt = 0$)"이라는 조건을 부여하는 것이다. 즉, (2)식은 물체의 운동 중에서도 가장 단순하여 이해하기 쉬운 현상을 다루는 것이라고 할 수 있다.

더욱이 투수가 던진 야구공이 날아가는 것을 보면 알겠지만 공중에 던져진 대부분의 물체는 회전을 하면서 날아가는 데 이 공식으로는 그러한 회전운동은 설명할 수도 없다.

이렇듯 물리에서 가정과 조건은 어떤 자연현상에 영향을 미치는 요소를 모두 한꺼번에 고려하게 되면 생각할 수도 없이 너무나 복잡해지고 어려워지기 때문에, 그러한 복잡한 현상 중에 단순하고 이해하기 쉬운 것부터 다루기 위해 일부러 붙이는 것이다.

가정과 조건이 사용되는 목적이 이렇듯 복잡한 현상을 단순하고 이해하기 쉽게 만들기 위한 것인데도 어떤 수식에 붙어 있는 가정과 조건을 충실히 이해하지 않고, 결과만을 적당히 기억하려 한다면 이 가정과 조건이 바뀌었을 때 당황해서 허둥대다가 문제를 풀지 못하게 될 수 있다. 가정과 조건을 바꾸어 문제를 내는 것을 대개 문제를 배배 꼬거나 비튼다고 하고 이렇게 배배 꼬인 문제를 학생들이 유난히 어려워한다.

그리고 필자는 물리과목을 강의하며 학생들이 이 가정과 조건이 변하는 경우에 생각을 전개해 나가는 것에 익숙하지 않아서 물리과목을 어렵게 생각하는 사례가 의외로 많다는 것을 알 수 있었다.

가정과 조건의 효과 – 결과가 완전히 바뀔 수 있다

앞에서 언급한 것처럼 사실 가정과 조건은 대부분 복잡한 자연현상을 이해하기 쉽게 만들기 위해 사용되는 것임에도 이러한 가정과 조건을 잘못 이해하거나 소홀히 하면 어떤 문제의 답이 정반대가 될 수도 있기 때문에 가정과 조건을 정확히 파악하여 이해하는 것이 중요하다.

예를 들어 다음과 같은 경사면에 대한 문제를 살펴보자.

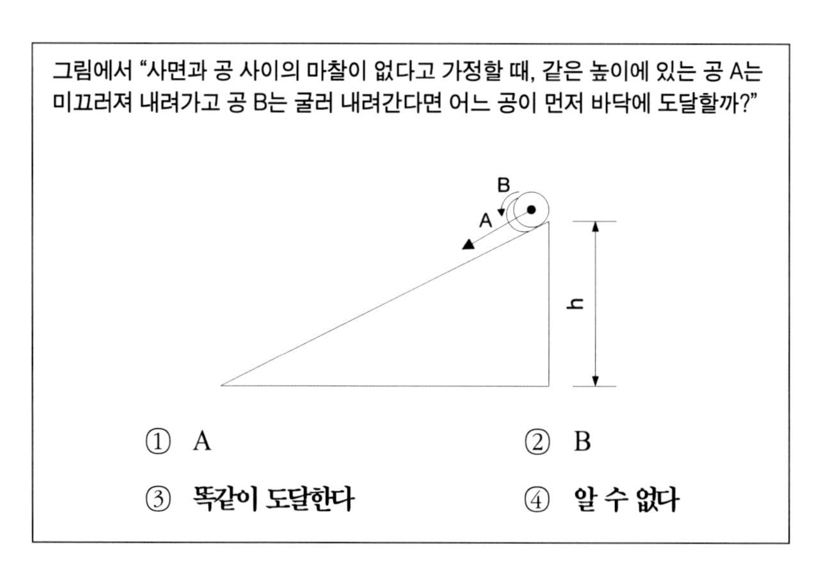

독자 분들이 선택한 답은 무엇인지 궁금하다. 필자가 강의를 하면서 가끔 이 문제를 내 보면, ④번이나 ③번을 선택한 사람이 제일 많고, 그 다음으로는 ②번을 고른 사람들이 많았다.

추측하건대 아마도 정말로 몰라서 '알 수 없다.'고 답을 하거나 언젠가 무거운 공과 가벼운 공을 똑같은 높이에서 떨어뜨리면 어느 것이 먼저 땅에 도달하는지에 대한 질문을 들어본 적이 있고, 그때 들었던 답이 '둘이 똑같이 떨어진다.'라고 어렴풋이 기억나서 이 문제에 대한 답도 '똑같이 도달한다.'가 되지 않을까 생각하며 ③번을 답으로 추측하지 않았을까 싶다.

그 문제는 '어떤 무거운 물체와 가벼운 물체를 같은 높이에서 떨어뜨리는 경우 공기의 저항을 무시할 수 있다면 무거운 것이나 가벼운 것이나 모두 같이 떨어진다'는 것으로 위의 문제와는 전혀 다른 문제인데도 말이다.

그리고 굴러 내려오는 공 B가 먼저 도달할 것이라고 답한 사람들은 대부분 본인이 일상생활에서 경험한 것을 그대로 답이라고 생각한 것으로 추정된다. 물론 우리가 실제 주변에서 경험할 수 있는 결과는 굴러 내려가는 것이 미끄러져 가는 것보다 대부분 훨씬 빠르게 도착할 것이다. 왜냐하면 굴러갈 때의 공과 경사판 사이의 마찰력(구름마찰력)이 미끄러져 갈 때의 마찰력(미끄럼마찰력)보다 작기 때문에 굴러가는 공이 마찰력에 의한 저항을 덜 받기 때문에 더 빠르게 움직이고 따라서 굴러가는 공이 빨리 도착하는 것이 당연하다.

그러나 주의해서 앞의 문제를 눈여겨보면 앞의 문제에서는 그 마찰이 없다는 가정이 붙어 있다. 이것 역시 문제를 단순화하기 위해 붙여진 가정인데, 오히려 이런 가정과 조건으로 인해 일상생활에서

겪는 자연현상과 전혀 다른 결과가 나오기 때문에 이런 가정과 조건을 잘 따지지 않으면 낭패를 보기 일쑤고, 이런 낭패를 몇 차례 겪다 보면 물리과목이 어렵고 재미없는 과목으로 여겨지게 마련이다.

문제의 답과는 관련이 없는 것이지만, 문제에서 동그란 공이 굴러가지 않고 미끄러져 내려간다고 한 것도 사실은 일상생활에서는 볼 수 없는 가정이고, 이 역시 문제를 단순화하기 위해 붙여놓은 것일 뿐이다.

어쨌든 이 문제에서는 마찰을 무시했기 때문에, 오로지 중력에 의한 위치에너지와 운동에너지와의 관계만 남는다. 이를 수식을 이용하지 않고 그냥 설명하면, 앞의 문제에서 두 공이 움직일 수 있는 에너지원은 모두 위치에너지뿐인데 미끄러져 내려가는 공은 이 위치에너지를 모두 미끄러져 내려가는 병진운동[2]에만 사용하면 되는 데 반해, 굴러가는 공은 내려가는 병진운동을 위해서만 이 에너지를 쓰는 게 아니고 공 자체가 구르는 회전운동에도 나누어 사용해야 하기 때문에 미끄러져 내려가는 공의 속도보다 느릴 수밖에 없게 된다. 이러한 관계를 수식으로 나타내면 (7)식과 같다.

$$mgh = \frac{1}{2}mv^2 + \frac{1}{2}I\omega^2 \qquad (7)$$

여기서, mgh는 공이 갖는 위치에너지이고, $mv^2/2$는 병진운동에너지를 나타내며, $I\omega^2/2$는 회전운동에너지를 표시한다.

6장에서 다시 설명하겠지만 I는 관성2차모멘트(kg · m^2), ω는 각속도(角速度: 1/sec)를 의미하는데, 독자 분들 중에는 처음 접하는 생소

2) 병진운동(竝進運動): 어떤 물체가 상하좌우 방향으로 움직이는 운동이다.

한 기호와 물리량이 낯선 분들도 있을 것이다. 그러나 설령 그렇더라도 등호 양쪽의 단위가 모두 에너지의 단위인 $kg \cdot m^2/sec^2$ 이 된다는 사실 정도만 알면 충분하고, 더 깊은 내용은 몰라도 이 책에서 말하고자 하는 바를 이해하는 데 조금도 문제가 되지 않는다고 생각한다.

어쨌든 앞에서 설명한 내용을 (7)식을 이용하여 다시 살펴보면, 미끄러져 내려오는 공은 회전에 필요한 회전운동에너지 $I\omega^2/2$가 필요없기 때문에 0이 되는 반면에, 구르면서 내려오는 공은 회전운동에너지 $I\omega^2/2$에도 위치에너지를 사용해야 하기 때문에 그만큼 병진운동에너지 $mv^2/2$ 쪽으로 사용할 수 있는 비율이 적을 수밖에 없다. 따라서 내려오는 속도 v가 작아지게 되어 굴러 내려오는 공이 늦게 도달하게 된다.

이런 결과는 앞에서 언급한 것처럼 우리가 일상생활에서 경험하는 것과는 분명히 다르다. 중요한 것은, 처음부터 쉽지는 않겠지만, 개념을 파악하면서 본인이 일상생활에서 경험하여 몸에 익숙한 세상은 일단 한쪽으로 완전히 제쳐두어야 한다는 것이다. 그리고 나서 복잡하기 그지없는 실제의 자연현상을 생각하기 쉽게 만들기 위해 사람들이 어떤 가정이나 조건을 사용했는지 확인하고, 그 가정이나 조건에 바탕을 두고서 차근차근 생각을 전개시켜 머리로 이해하여 가는 것이라고 할 수 있다.

특히 앞의 문제에서 본 것처럼 가정이나 조건이 하나만 달라져도 답이 정반대로 바뀌는 사례가 많으므로 가정과 조건을 일일이 세밀하게 따지는 것을 습관화하는 것이 정말 중요하다.

가정과 조건을 바꾸어 생각하는 훈련

이렇듯 가정과 조건이 중요하기 때문에 사실 물리 시험의 출제자들은 가정과 조건을 바꾸어 문제를 냄으로써 문제의 난이도를 높이는 경우가 많다. 사람들이 물리과목을 어렵다고 느끼는 것 중의 하나가 사전에 충분히 훈련되지 않은 상태에서 가정과 조건이 바뀌어 배배 꼬인 문제를 접하고 겨우 이를 풀었다고 해도 답이 틀리고 더욱이 그 답이 왜 틀렸는지 이해가 되지 않을 때의 당혹감 때문이 아닌가 생각한다.

앞서 말한 것처럼 필자도 실제 그런 경험을 자주 했고, 그런 경험 때문에 물리가 무척 어렵게만 느껴졌던 적이 있었는데, 우스울지 모르지만 당시에 필자가 어렵게 생각했던 문제를 예로 들어 보고자 한다. 지금 보면 정말 너무나 쉬운 문제이지만 당시에는 잘 이해가 되지 않았던 문제였다.

일반적인 참고서에서 일(work)에 대한 설명은 대체로 다음과 같이 주어진다.

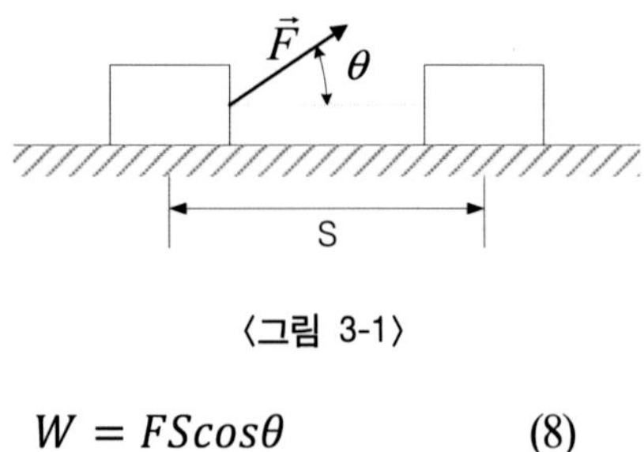

〈그림 3-1〉

$$W = FScos\theta \qquad (8)$$

〈그림 3-1〉에서 보는 것과 같이 어떤 물체에 힘 $\vec{F}$가 작용해서 S만큼의 거리를 움직였다면, 이때 힘 $\vec{F}$가 한 일은 (8)식과 같다. 일 W는 그 양(크기)만이 중요할 뿐 방향을 고려할 필요가 없으므로 스칼라량이며, 그 크기는 (8)식에 의해 물체가 움직인 방향으로의 힘의 크기 ($Fcos\theta$) 와 물체가 움직인 만큼의 거리 S를 곱한 것으로 계산할 수 있다.

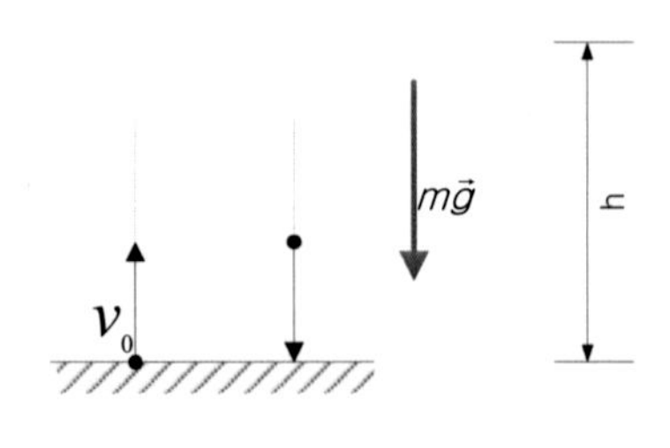

〈그림 3-2〉

이러한 일의 정의에 따르면, 〈그림 3-2〉에서 $\vec{V}_0$의 초속도(初速度)로 공중으로 던져진 물체는 중력이 작용함에 따라 다시 지상으로 떨어져 원위치로 돌아오게 되는데, 이때 중력이 한 일은 움직인 거리 S가 영(零; zero)이 되기 때문에 던져 올려져서 다시 원위치로 돌아올 때까지 중력이 한 일도 결국 영이 된다.

그런데 당시에 필자가 겪은 어려움은 일의 정의를 이와 같이 이해하면서부터 시작되었다. "**어떤 물체가 원위치로 돌아오는 경우에 힘이 한 일은 영이다.**"라는 것만 기억했지, 거기에 어떤 조건이 붙어 있는지에 대해 정확히 이해하지 못했던 것이 혼선을 일으켰다.

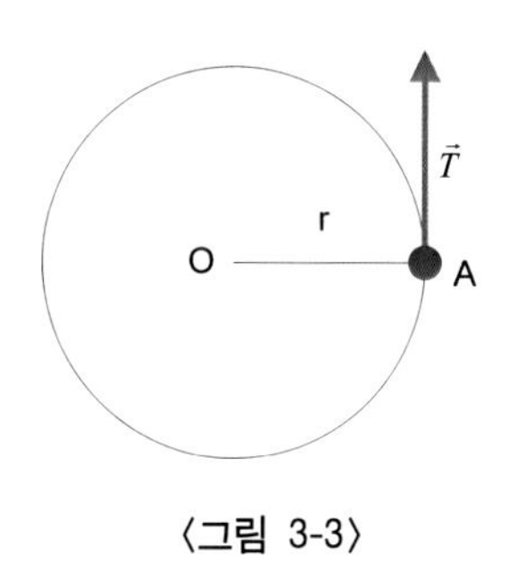

〈그림 3-3〉

〈그림 3-3〉에서 질량이 m인 물체가 반경이 r인 원 궤도를 회전하는 경우 그 물체가 A점에서 출발해서 다시 A점으로 되돌아온다면 접선력(接線力; tangential force) $\vec{T}$가 한 일은 얼마인가를 찾는 문제인데, 필자는 별 생각 없이 앞에서 본 것처럼 그 물체가 제자리로 돌아왔으므로 힘 $\vec{T}$가 한 일은 당연히 영이 될 것이라고 생각했다. 그러나 이때의 답은 영이 아니고 $2\pi rT$가 맞다는 것이다.

잘못 이해한 일의 정의에 근거하여, 당연히 두 문제의 답이 영으로 같을 것이라고 생각했던 필자는 두 문제의 답이 서로 다른 이유를 몰라서 상당히 당황했다. 정확히 기억은 나지 않지만 아마도 당시에 물리선생님이나 물리공부를 잘 하는 친구 중에 누군가는 분명히 그 차이점을 설명해 주었을 수도 있겠지만, 필자는 두 문제의 차이점에 대해 명확히 설명을 들은 기억이 나지 않고, 공부가 짧아서 그랬다고 생각하지만, 공부하던 책에서 그 차이점을 쉽게 찾아내지도 못했던 것 같다. 그때는 그저 왜 두 문제의 답이 서로 다른지 혼란스럽기만 했고, 이런 혼란스러움은 물리과목에 대한 학습의욕과 흥미를 떨어뜨리는 원인 중의 하나였다고 생각한다.

그러던 중 앞에서도 언급한 것처럼, 기술고등고시를 준비하는 과정에서 대학 물리책을 체계적으로 보면서부터 그 차이점을 명확히 찾아냈고, 왜 두 문제의 답이 다른지 아주 분명하게 이해할 수 있게 되었다. 지금 와서 생각해 보면, 너무나 당연하기만 한 것이 예전에는 왜 그렇게 어렵게 생각했는지 이해가 되지 않는다.

두 문제의 차이가 생기는 것은 한 마디로 두 문제의 '힘'의 형태가 서로 다르기 때문이다. 〈그림 3-2〉에서는 중력이 하는 일을 구하는 문제인데 이때 중력은 일정하다. 즉, 힘의 크기와 방향이 모두 일정한 반면에, 〈그림 3-3〉에서는 접선력이 하는 일을 구하는 것인데 접선력은 일정하지 않은 변하는 힘이다. 접선력은 힘의 크기는 일정하지만 그 방향이 질점이 따라 움직이는 경로인 원주(圓周)를 따라 계속 바뀌고 있기 때문에 이 힘은 일정하지 않다.

여기서 다시 한번 힘이라는 것은 크기와 방향을 모두 고려해야 하는 벡터량이라는 것을 상기할 필요가 있다.

(8)식에 주어진 일의 정의는 힘이 변하지 않고 일정한 경우에만 적용할 수 있는 조건이 붙어 있는 것이다. 따라서 〈그림 3-3〉과 같이 힘이 변하는 경우에는 바로 적용할 수 없는 것이다.

이를 조금 더 이론적인 수식으로 살펴보자. 일의 일반적인 정의는 (9)식과 같다.

$$dW = \vec{F} \cdot d\vec{r} = F\, ds\, cos\theta \tag{9}$$

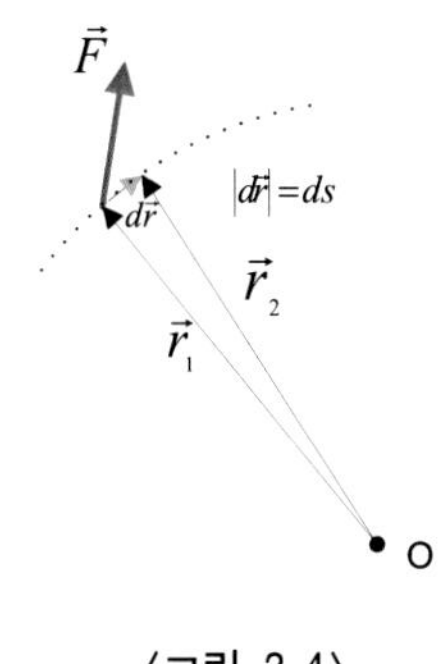

〈그림 3-4〉

(9)식은 두 벡터의 스칼라적(scalar積; dot product, 內積)[3]의 형태로 표현된 식으로, $d\vec{r}$은 변위(變位; displacement)[4]를 나타내며 그 크기 $|d\vec{r}|$은 ds로 표시한다.

또한 (9)식은 5장에서 다시 다루겠지만 변위 $d\vec{r}$의 크기 ds가 실제 움직인 경로와 거의 같다고 할 수 있을 만큼 지극히 짧은 순간임을 나타내기 위해 앞에 d를 붙인 것으로, 이것은 어떤 값을 지극히 작게 나눈 미분(微分; differentials)값이라는 것을 의미한다.

---

3) $\vec{A} \cdot \vec{B}$ = ABcosθ 두 벡터의 스칼라적의 결과는 스칼라
$= A(Bcos\theta)$: A와 A방향으로의 B의 크기의 곱
$= (Acos\theta)B$: B와 B방향으로의 A의 크기의 곱

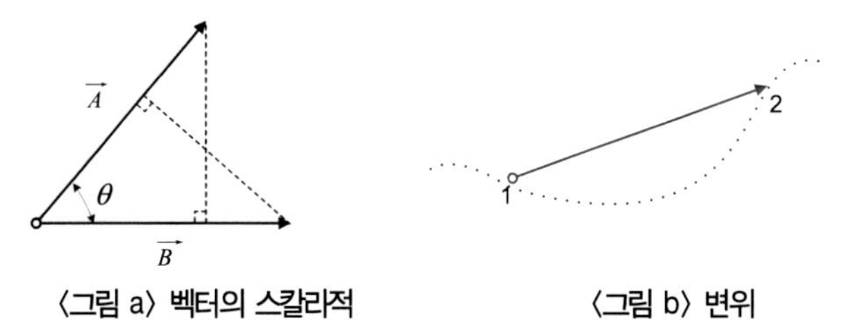

〈그림 a〉 벡터의 스칼라적 〈그림 b〉 변위

4) 변위: 어떤 물체가 1점에서 2점으로 움직였을 때, 그 점을 최단거리로 연결한 것으로 그 크기와 함께 1점에서 2점으로 움직인 방향도 나타내므로 벡터에 해당하며, 그림에서 점선으로 표시된 실제 움직인 경로와는 무관하다.

(9)식은 힘 $\vec{F}$가 아주 짧은 시간에 순간적으로 한 일 dW는 힘의 크기 F와 힘의 방향으로 움직인 변위의 크기 $dscos\theta$를 곱한 것과 같다는 것을 나타낸다.

이러한 순간적인 일의 개념을 어느 정도 크기의 일정 시간 ($\Delta t = t_2 - t_1$)만큼 운동을 했을 경우로 확장해 보면 (10)식과 같다.

$$W = \int_1^2 dW = \int_1^2 \vec{F} \cdot d\vec{r} \qquad (10)$$

적분 또한 5장에서 다시 다루겠지만 (10)식은 1점에서부터 2점까지 매 순간순간마다의 일 $\vec{F} \cdot d\vec{r}$을 모두 더하면 1점에서 2점까지 힘 $\vec{F}$가 한 일이 된다는 것을 나타낸다.

그런데 **힘 $\vec{F}$가 일정하다면** 즉, 힘의 크기와 방향이 모두 일정하다면 (10)식은 다음과 같이 고쳐 쓸 수 있다.

$$W = \vec{F} \cdot \int_1^2 d\vec{r} = \vec{F} \cdot (\vec{r}_2 - \vec{r}_1) = \vec{F} \cdot \Delta\vec{r} = FScos\theta \quad (11)$$

(11)식과 〈그림 3-5〉에서 일정 시간만큼의 변위 $\Delta\vec{r}$의 크기 $|\Delta\vec{r}|$는 S이므로, 결국 (11)식은 (8)식과 같다는 것을 알 수 있다. 여기서, (8)식 역시 힘의 크기와 방향이 일정한 즉, "**힘이 일정한 경우**"에 한 일을 표시한 것이라는 것을 알 수 있다. 따라서 어떤 물체가 운동을 하다가 제자리로 다시 돌아왔을 때, 변위의 크기 S가 영이 되기 때문에 힘이 한 일 W도 영이 되는 것은 힘이 일정한 경우에 한한다는 것을 알 수 있다.

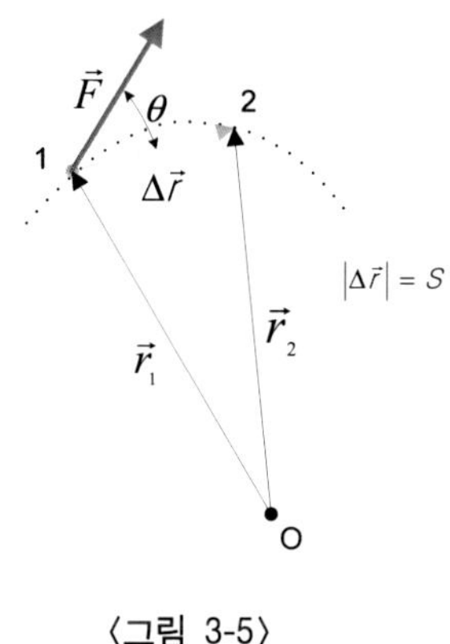

〈그림 3-5〉

반면에, 〈그림 3-3〉의 접선력은 설령 그 크기가 일정하다고 하여도 힘 $\vec{T}$의 방향이 그 경로인 원주(圓周)를 따라 계속 변하기 때문에 벡터인 힘 $\vec{T}$는 일정하지 않고 변하는 힘이다. 따라서 (8)식이나 (11)식을 적용하지 못하고, (10)식을 적용해야 한다.

$$W = \int_0^{2\pi r} \vec{F} \cdot d\vec{r}$$

$$= \int_0^{2\pi r} Tds cos\theta = \int_0^{2\pi r} Tds = T\int_0^{2\pi r} ds = 2\pi rT \qquad (12)$$

즉, (12)식처럼 접선력이 한 일은 영이 아니고, $2\pi rT$가 되는데, 이것은 매 순간 접선력 T와 순간변위 ds가 같은 방향($\theta = 0$)이고, $\cos\theta = 1$이기 때문에 매 순간마다의 일 Tds를 원주길이 $2\pi r$에 걸쳐 모두 더한 것과 같다고 할 수 있다.

이와 같이 힘이 일정한 힘인지 또는 변하는 힘인지에 따라 그 결과가 완전히 달라지는 것인데, 힘이 일정한 경우에만 적용할 수 있는 일의 정의를 적용해서 힘이 계속 변하는 경우까지 같이 답을 찾으려

했으니 그 답이 맞을 리도 없었고 더욱이 앞에 붙어 있는 가정과 조건으로 인한 차이를 몰랐으니 그 답의 차이를 이해할 수 없었던 것은 당연한 일이었다.

이처럼 가정과 조건에 따라 그 결과가 달라진다는 것은 이미 앞에서 설명한 바와 같다. 따라서 여기서 꼭 기억해야 할 중요한 사실은 어떤 공식을 처음 접했을 때, 그 공식에 어떤 조건이나 가정이 붙어 있는가를 확인하고 그 가정과 조건이 결과에 어떤 영향을 미치는지를 잘 살펴 이해해야 하며, 그 다음에는 반드시 그 가정과 조건을 바꾸었을 때 결과가 어떻게 달라지는지에 대해 생각하고 확인하는 습관을 들여야 한다.

숨어 있는 가정과 조건의 중요성 – 고정관념을 탈피하라

앞에서 살펴본 것처럼 어떤 공식 앞에 붙어 있는 가정과 조건을 이해하고 그것을 바꾸었을 때 결과가 어떻게 달라지는지 생각하고 확인하는 것이 중요한데, 특히 그중에서도 가정과 조건이 겉으로 명시적으로 나타나 있지 않고 숨어 있는 경우가 더 어렵고 중요하다.

이런 형태의 가정과 조건은 대부분 모든 사람들에게 너무나 당연한 것처럼 고정관념화되어 가정과 조건이 붙어 있는지조차 의식하지 못하고 지나치는 경우가 많다. 따라서 생각도 못하고 있다가 그 가정과 조건이 바뀐 문제를 갑자기 접하게 되면 당황하기 십상이다.

우리가 어릴 때부터 많이 들었던 문제 중에 "무거운 공과 가벼운 공을 똑같은 높이에서 떨어뜨리면 바닥에 어떤 것이 먼저 닿을까?" 하는 문제가 있는데, 익히 알고 있는 것처럼 답은 무거운 공이든 가벼운 공이든 동시에 바닥에 떨어진다는 것이다.

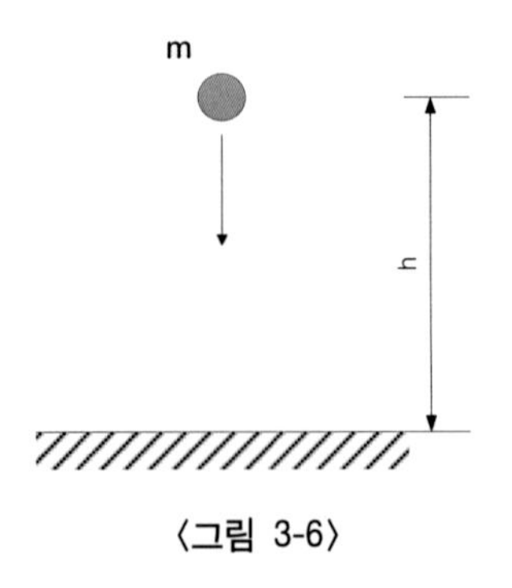

〈그림 3-6〉

그것은 〈그림 3-6〉에서 보듯이 어떤 질량이 m인 물체가 자유낙하를 한다면 바닥까지 떨어지는 낙하시간 t는 (13)식과 같이 구할 수 있다.

$$t = \sqrt{\frac{2h}{g}} \qquad (13)$$

여기서 g는 중력가속도의 크기다. (13)식을 살펴보면 낙하시간 t에 질량 *m*이 포함되어 있지 않다는 것을 알 수 있다. 따라서, 질량이 크든 작든 그 질량의 크기와 무관하게 바닥까지 떨어지는 시간은 동일하게 된다.

그런데, 문제는 우리가 이렇듯 당연한 것으로 여기는 사실에도 숨어 있는 조건이 붙어 있다는 것이다. (13)식은 공기의 저항을 무시할 수 있을 경우에만 적용된다.

공기저항이 아예 없거나 있더라도 공기저항을 무시할 수 있을 정도의 질량을 갖는 물체일 경우에만 적용되는 것이다. 만약 공기의 저항을 고려한다면, 그 공기저항이 두 물체의 낙하시간에 지대한 영향을 미친다. 예를 들어, 실제 새의 깃털과 공을 떨어뜨린다면 공기의 저항을 많이 받는 새의 깃털이 공보다 훨씬 늦게 떨어지는 것은 당연하다.

그런데 이런 중요한 조건을 명시적으로 나타내지 않고 문제를 내는 경우도 있다. 엄격히 따지자면 잘못된 출제라고 할 수 있지만, 설령 이의를 제기해도 '출제자의 의도'라 하면서 무시되어 버리기 쉽다.

이렇듯 어떤 공식이나 이론에 명시적으로 분명하게 표현되어 있지는 않지만 사실상 조건이나 가정이 붙어 있는 것을 찾아내고, 그 조건이나 가정이 결과에 어떤 영향을 미치는지 생각하며, 그 조건이나 가정이 바뀔 경우 어떻게 결과가 달라지는지를 생각하는 습관을 들이는 것도 중요한 일이다.

가정과 조건을 붙이는 형태를 살펴보면 마찰력과 같이 실제 자연현상에서 복잡하고도 다양하게 작용하는 힘들을 고려하지 않고 무시하거나 어떤 특정 물리량의 값을 일정하다고 가정하는 경우가 많다.

따라서 어떤 물리량이 일정한지 또는 변하는지를 따져 그 결과를 확인하는 것이 그 개념을 이해하는 데 매우 중요한데, 다음 장에서는 이에 대해 다루고자 한다.

넷째 장

변수와 상수

×
×
×
×
×
×
×
×
×
×
×
×
×
×

어떤 것이 변하고 어떤 것이 일정한가를 따져 보는 것은 개념에 대한 이해를 넓혀가는 중요한 사고의 과정이다.

변하는 물리량과 변하지 않는 일정한 물리량

세상에 존재하는 어떤 것이든 영원히 변하지 않는 것이란 없을지도 모른다. 사랑도 변하고 우정도 변하고 하물며 큰 바위도 물과 바람에 깎이고 쇠도 녹이 슨다.

그러나 이런 철학적인 문제는 뒤로 하고, 우리가 당면하고 있는 사물에 대한 개념을 이해하는 데 어떤 요소(要素; factor)가 변하고 어떤 요소가 변하지 않고 일정한가를 따져보고 그에 따라 결과가 어떻게 달라지는지 추론하고 확인하는 것은 매우 중요한 과정이라고 할 수 있다.

예를 들어 (14)식과 같은 형태의 공식은 어떤 물리량의 개념을 설명하기 위해 일반적으로 사용되는 형태이다.

$$A = BC \tag{14}$$

이러한 수식을 이해하는 데, 앞 장까지 설명한 내용 외에도 다음과 같은 사고의 전개과정을 거치는 것이 개념을 파악하는 데 많이 도움이 된다.

각각의 물리량을 일정한(constant) 경우와 변하는(variable) 경우로 가정하고, 이로 인해 다른 물리량들의 관계가 어떻게 달라지는지를 살펴보는 것이 필요하다.

예를 들어 (14)식에서 *A*가 일정하다면(if *A*=constant), *B*와 *C*는 서로 반비례의 관계가 된다. 다시 말해, $BC = k$(일정)로 쓸 수 있다. 이는 다시 $C = k/B$로 되는데, 이것은 $y = k/x$와 같이 일반적으로 볼 수 있는 수식의 형태다.

*B*의 값이 커지면 *C*의 값은 작아지고, *B*의 값이 작아지면 *C*의 값은 커지게 된다. 그래서 *B*와 *C*는 서로 반비례(反比例)한다고 말한다.

만약 *A*와 *C*가 변하고 *B*가 일정하다면(if *B*=constant), 나머지 변수 *A*와 *C*는 서로 비례관계가 된다. 즉, $A = kC$가 되기 때문에 *C*가 커지면 *A*도 같이 커지고, *C*가 작아지면 *A*도 같이 작아진다. 이러한 결과는 (14)식에서 *C*가 일정하고 *A*와 *B*가 변수인 경우에도 동일하다.

이처럼 어떤 공식에 포함되어 있는 여러 요소들 중 하나하나를 그 요소가 일정한 경우에 다른 요소들이 어떻게 바뀌는지 살펴보는 것은 물리량의 개념을 이해하는 기본적인 과정이라고 할 수 있다.

(14)식의 예를 실제 물리공식을 이용해 살펴보자.

$$\vec{P} = m\vec{v} \qquad (15)$$

여기서, $\vec{P}$는 운동량(運動量; momentum)이라고 하며, *단위는 kg·m/sec*이다. 즉, 운동량은 질량에 속도를 곱한 값으로 정의되며, 그 방향은 속도의 방향과 같다. 운동하고 있는(즉, 속도 $\vec{v}$가 존재하는) 모든 물체에는 운동량이 존재하게 되며, 정지해 있는(즉, 속도 $\vec{v}$가 영인) 물체는 운동량도 없게 된다.

그런데 비례 · 반비례 관계는 방향과 관련이 없고 크기에만 관련되므로 (15)식에서 운동량의 크기만 고려하면 (16)식과 같이 쓸 수 있다.

$$P = mv \qquad (16)$$

만일 운동량의 크기 P가 일정하다면(if P=constant), 질량과 속도의 크기는 반비례한다($v = k/m$ 또는 $m = k/v$). 즉, 질량이 클수록 속도의 크기가 작아지고, 질량이 작을수록 속도의 크기가 크다. 또한 같은 말이지만, 속도가 클수록 질량이 작고 속도가 작을수록 질량이 크게 된다. 요점적으로, 운동량의 크기가 같다면, 가벼운 것(질량이 작은 것)이 빨리 움직인다는 것을 알 수 있다.

또한 질량이 같다면(if m=constant), 운동량의 크기와 속도의 크기는 서로 비례하므로($P = kv$), 속도의 크기가 큰 것일수록 즉, 빠른 물체일수록 운동량이 커진다는 것을 알 수 있다. 마찬가지로 속도의 크기가 일정하다면(if v=constant), 운동량의 크기가 질량에 비례하게 되므로($P = km$), 질량이 큰 것이 운동량이 크다.

이런 방식의 사고의 전개과정은 주어진 예가 쉬운 편이기 때문에 독자들이 자칫 게을리하기 쉽지만, 어떤 문제의 개념파악을 위한 사고의 전개과정에서 매우 중요하기 때문에 반드시 습관화시킬 필요가 있다고 생각한다.

더구나 시험과 관련해서 이런 문제들이 (16)식과 같은 공식이 주어져 있는 상태에서 그 공식을 앞에서 본 것처럼 말로 풀어 설명하면 쉽게 느껴지지만, (16)식과 같은 공식이 없는 상태에서 갑자기 말로 풀어 물어보는 문제를 접하게 되면, 순간적으로 당황해서 어렵다고 느낄 수 있기 때문에 평상시에 훈련을 해두는 것이 필요하다.

■ '무엇이 일정하고 변하는가'가 중요하다

앞에서와 같이 단순한 공식의 개념을 이해하는 데에도 어떤 요소가 변하는지 또는 일정한지 따져 보는 것이 중요하지만, 이러한 기본 개념들을 응용해서 조금 더 복잡한 단계로 생각을 전개해 나가거나 또는 문제를 풀 때도 어떤 요소가 변하고 어떤 요소가 일정한가를 따져 구분하는 것이 중요할 때가 많다.

이러한 전개 과정을 용수철과 관련된 문제로 살펴보자.

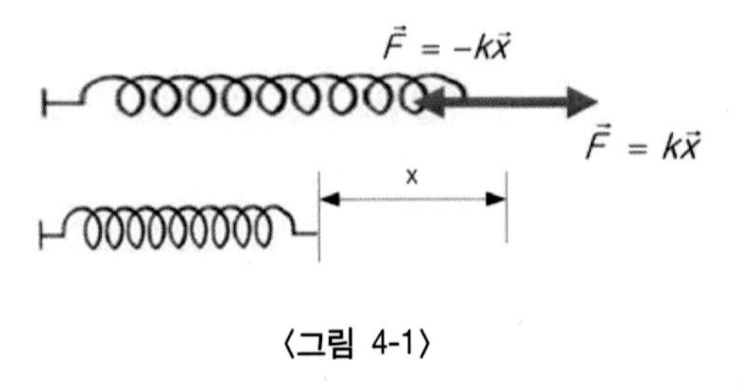

〈그림 4-1〉

〈그림 4-1〉과 같이 용수철이 그림에서 파란색 화살표로 표시된 것과 같은 외력(外力) $\vec{F}$에 의해 변형이 생겨 늘어나는데, 그 용수철의

변형이 탄성[1]범위를 벗어나지 않는다면, 변위 $\vec{x}$와 힘 $\vec{F}$의 관계는 (17)식과 같이 주어진다.

$$\vec{F} = k\vec{x} \tag{17}$$

여기서, k는 용수철상수라고 하며, 이때 용수철에는 그림에서 붉은색으로 표시된 것과 같이 원상태로 되돌아가려는 힘 즉, 복원력(復元力)이 외력과 같은 크기로 발생하게 되는데, 그 방향은 변위 $\vec{x}$와 반대방향이므로 그 복원력은 다음과 같이 쓸 수 있다.

$$\vec{F} = -k\vec{x} \tag{18}$$

(18)식을 보통 후크의 법칙(Hooke's law)이라고 한다. 용수철상수 k의 단위는 $Newton/m$ 또는 kg/sec^2 등으로 표현할 수 있다. 그리고 보통 용수철의 변형이 일어나는 방향이 힘의 방향과 일직선상에 있기 때문에, 일일이 벡터를 뜻하는 방향 표시를 생략하고 일반적으로 (19)식처럼 표현한다. 여기서, 음의 부호(−)는 복원력의 방향이 변위와 반대방향임을 나타낸다.

$$F = -kx \tag{19}$$

(19)식은 힘의 방향을 나타내는 음부호(−)가 붙어 있다는 것 외에는 식 (14)와 같은 형태임을 알 수 있다. (14)식과 관련되어 살펴본 여러 가정 중 용수철상수 k가 일정한 경우에 해당한다. 즉, k가 일정하므로 힘 F와 변위 x는 비례관계에 있다는 것을 알 수 있다. 따라서,

---

1) 물체에 외부의 힘이 작용하면 변형이 일어나는데, 힘을 제거했을 때 원상태로 복원될 수 있는 변형의 상태를 탄성(彈性)상태라고 하고, 원상태로 복원이 되지 않고 영구변형이 일어나는 상태를 소성(塑性)상태라고 한다.

작용하는 힘이 클수록 늘어나는 길이도 커진다. 즉, 힘이 센 사람이 용수철을 쉽게 잡아 늘릴 수 있다.

그리고 용수철상수 k와 변위 x는 서로 반비례 관계에 있으므로, 힘 F가 일정하다면 k가 클수록 늘어나는 길이 x가 작다. 즉, k가 클수록 늘어나기 어렵다. 반대로 k가 작을수록 용수철은 늘어나기 쉽다.

여기서 하나 주의할 것은, 용수철상수 k는 외력에 대해 용수철이 얼마나 잘 늘어나는지 아닌지를 나타내는 상수로 설령 재질도 같고 두께도 같은 똑같은 철사로 만들어진 용수철이라고 하더라도 용수철의 길이에 따라 그 값이 달라질 수 있다는 점이다. 다시 말해, 같은 재료로 만들어졌다고 하더라도 같은 크기의 힘을 가했을 때, 긴 용수철이 짧은 용수철보다 더 많이 늘어나게 되므로 긴 용수철의 용수철상수가 짧은 용수철의 용수철상수보다 작아지게 되는 것이다.

이러한 내용을 기본개념으로 해서 용수철을 여러 개 연결할 때로 생각을 확장하여 보자.

〈그림 4-2〉는 각각 용수철의 직렬연결(a)과 병렬연결(b)를 나타낸다. 그림에서 보는 것처럼 용수철은 벽에 걸려 있다고 가정하고 거기에 크기가 F인 힘을 주었다고 하면, 각 용수철은 가해진 힘에 의해 늘어나게 될 것이다.

이때 가해진 힘에 의해 늘어나는 길이와 두 개의 용수철을 하나의 용수철인 것처럼 환산(換算)했을 때의 합성(合成)용수철상수를 구해 보자.

〈그림 4-2〉의 (a)는 두 개의 용수철을 이어 붙여 연결한 것이다. 용수철을 벽에 걸어 두고 힘 F를 작용시키면, 벽체에 그림에 붉은 색으로 표시한 것처럼 저항하는 힘 즉, 반력(反力)이 생겨 A, B 용수철 모

두에 힘 F가 작용한다. 이는 **용수철에 작용하는 힘의 크기 F가 일정하다**는 것을 의미한다.

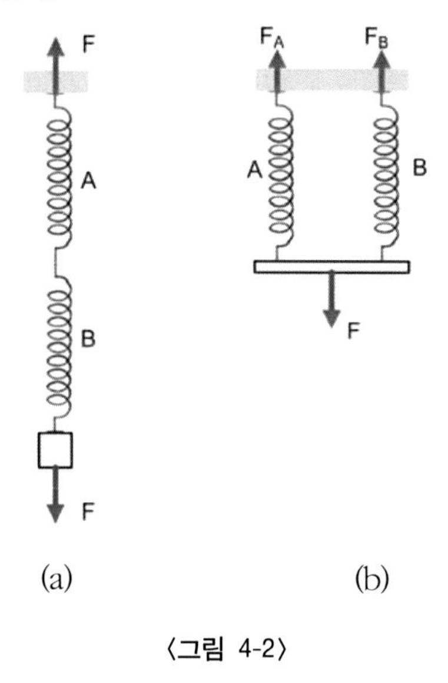

〈그림 4-2〉

전체 용수철이 늘어나는 길이는 A, B 두 개의 용수철이 늘어나는 길이를 합한 것과 같다. 즉,

$$x_T = x_A + x_B \qquad (20)$$

여기서, x_T는 총 늘어난 길이, x_A, x_B는 각 용수철이 늘어난 길이이다. 이에, (19)식의 관계를 대입하여 정리하면,

$$\frac{F}{k_T} = \frac{F}{k_A} + \frac{F}{k_B}$$

$$\frac{1}{k_T} = \frac{1}{k_A} + \frac{1}{k_B} \qquad (21)$$

(21)식과 같이 된다. 그림을 통해 다시 한 번 살펴볼 것은 용수철의 직렬연결에서는 두 용수철에 작용하는 힘 F가 일정하고 전체 용수철의 늘어나는 길이가 두 용수철의 늘어나는 길이를 더한 것과 같다는 것을 이용하여 합성용수철계수를 구했다는 것이다.

(21)식을 다시 합성용수철상수 k_T를 중심으로 다시 정리하면 (22)식과 같다.

여기서 독자 분들이 계산해낸 결과가 어떤 값을 가져야 하는지 미리 살펴보는 것도 중요하다. (20)식에서 알 수 있는 것처럼 일정한 힘의 크기 F에 대해 늘어나는 길이 x_T는 각각의 용수철이 늘어나는 길이 x_A, x_B를 더한 것이기 때문에, 각각의 늘어나는 길이 x_A, x_B보다 크다는 것을 알 수 있는데, 이것을 다시 말하면 같은 힘에 대해 용수철을 직렬로 연결한 경우가 쉽게 늘어났다는 것이 되므로 합성탄성계수 k_T는 각각의 용수철상수 k_A, k_B보다 작게 될 것이라는 사실이다. 따라서 그 결과가 이런 기본적인 요건을 만족하는지 확인해 보는 것이 중요하다. 이를 수식으로 확인해 보면 다음과 같다.

$$\frac{1}{k_T} = \frac{k_A + k_B}{k_A k_B}$$

$$k_T = \frac{k_A k_B}{k_A + k_B} = \frac{k_A}{1 + k_A/k_B} < k_A$$

$$= \frac{k_B}{1 + k_B/k_A} < k_B \quad (22)$$

즉, 합성용수철상수 k_T는 k_A를 1보다 큰 수로 나눈 것과 같으므로 k_A보다 작아진다. 같은 방식으로 k_T가 k_B보다도 작다는 것을 확인할 수 있다.

이와 같은 사실은 앞에서 살펴본 기본개념을 생각해 보면 너무나 당연한 이야기지만, 수식을 도출하기 전에 미리 그 결과값이 어떻게 되어야 할 것인지 예측하고 그 예측과 결과가 일치하는지 확인하는 것은 매우 중요한 과정이다.

처음에는 쉽지 않겠지만, 그래도 자꾸 이런 훈련을 하면 본인도 모르게 내공이 쌓이고 실력이 늘게 된다.

이번에는 〈그림 4-2〉의 (b)처럼 두 개의 용수철을 병렬로 연결한 경우를 생각해 보자. 이 경우에는 그림에서 보는 것처럼 A, B 두 개의 용수철에 각각 F_A, F_B의 반력이 발생하며, 그 반력의 합이 외력 F와 크기가 같다. **두 개의 용수철을 병렬로 연결할 때는 두 용수철 A, B의 늘어나는 길이 즉, 변위가 x가 일정하다**. 이 결과는 분명히 용수철을 직렬로 연결했을 때와는 다르다. 이러한 사실을 이용하여 두 개의 병렬로 연결된 용수철에 외력 F를 같은 길이만큼 늘어나도록 할 때 합성용수철상수를 다음과 같이 구할 수 있다.

$$F = F_A + F_B$$

$$k_T x = k_A x + k_B x$$

$$\begin{aligned} k_T = k_A + k_B &= k_A\left(1 + \frac{k_B}{k_A}\right) \geq k_A \\ &= k_B\left(1 + \frac{k_A}{k_B}\right) \geq k_B \qquad (23) \end{aligned}$$

즉, 합성용수철상수는 두 개의 용수철상수 값을 더한 것이 되고, 그 값은 각각의 용수철상수 값인 k_A나 k_B보다 크게 된다.

(23)식에서 두 용수철의 늘어나는 길이가 일정하고 작용된 힘이 각

각의 용수철에 분산된다는 사실을 이용하여 합성용수철계수를 구했다는 사실을 알아야 한다. 그리고 그 결과는 두 개의 용수철에 힘 F를 가했을 때 늘어나는 길이가 각각의 용수철에 따로 힘 F를 작용했을 때 늘어나는 길이보다 작기 때문에 각각의 용수철상수보다 커진다는 것도 확인할 수 있었다.

〈그림 4-2〉의 (b)의 그림에서 힘이 작용하는 점을 막대의 중간에 그린 것은 용수철 A, B의 용수철상수가 같은 경우에 해당되는데, 사실 용수철상수가 서로 다르면 그 위치가 달라지게 되는데, 여기서는 상세한 설명은 생략한다.

이 장에서는 물리공식에서 어떤 물리량이 일정한지 또는 변하는지에 따라 그 결과가 어떻게 달라지는지 확인하는 과정을 살펴보았다. 사실 앞 장의 가정과 조건에서 다루었어야 할 내용인데 그 중요성을 감안해서 별도의 장으로 엮어 설명했다.

이제 공식이 갖고 있는 의미를 그래프를 활용해서 확인하는 방법을 살펴보도록 한다.

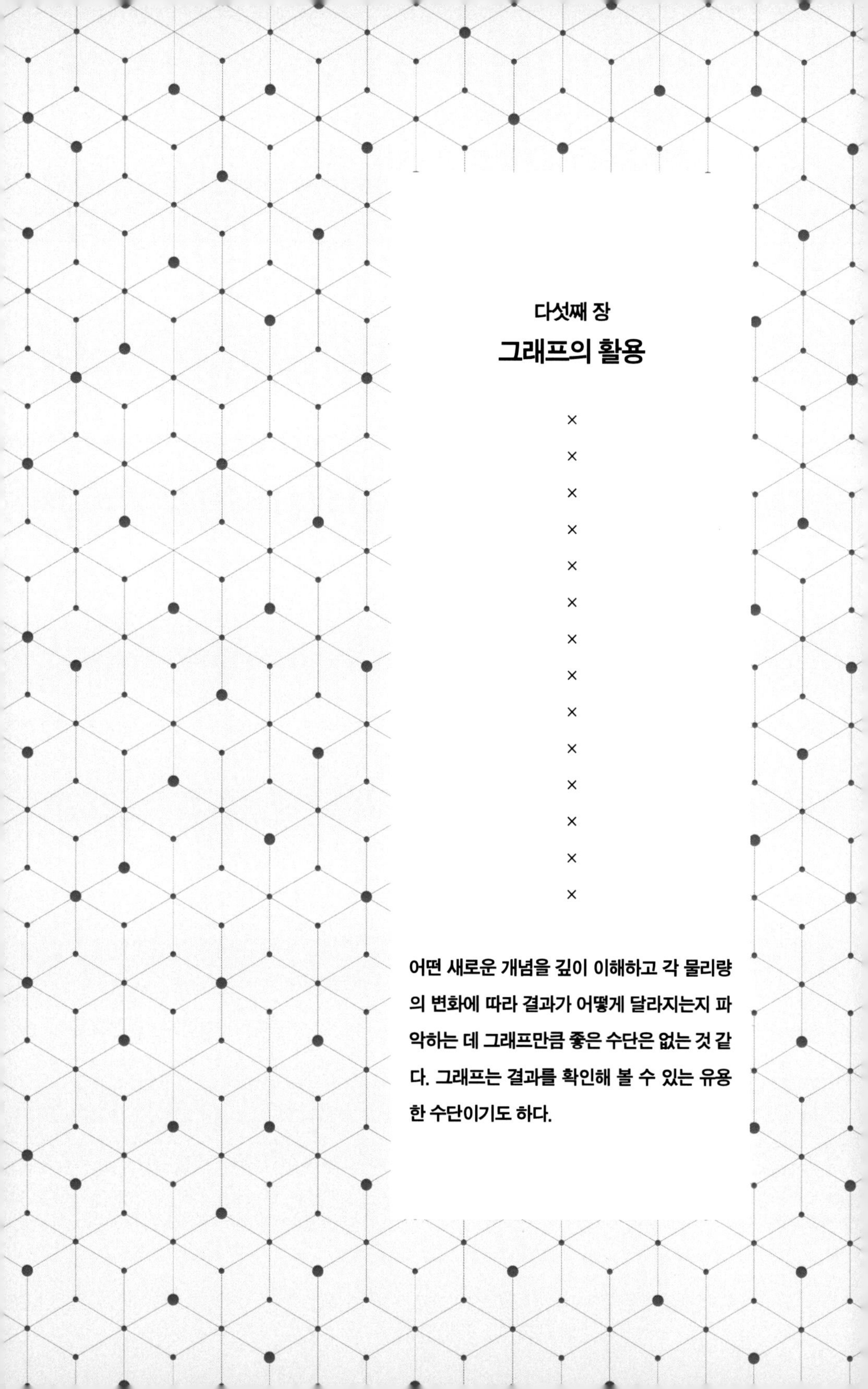

다섯째 장

그래프의 활용

×
×
×
×
×
×
×
×
×
×
×
×
×
×

어떤 새로운 개념을 깊이 이해하고 각 물리량의 변화에 따라 결과가 어떻게 달라지는지 파악하는 데 그래프만큼 좋은 수단은 없는 것 같다. 그래프는 결과를 확인해 볼 수 있는 유용한 수단이기도 하다.

▪ 수학을 잘해야 물리를 잘한다?

이 말을 처음 들었던 것이 중학교 시절인지 고등학교 시절이었는지는 잘 기억이 나지 않지만, 요즘도 가끔 듣는 이야기다. 그리고 직접 그 말을 많이 들었던 고등학생 때는 필자도 정말 물리를 잘하려면 수학을 잘해야 한다고 생각했다. 사실은 어쩌면 다른 사람들이 하는 말을 그냥 무비판적으로 수용하여 그렇게 생각한 것 같다.

그러나 앞에서 말한 것처럼 기술고등고시 공부를 하는 과정에서 대학 물리책을 제대로 공부하면서부터 이 말에 의문을 갖기 시작했다. 왜냐하면, 그 책에서 설명하는 내용을 이해하기 위해 정말 고도의 수학적 지식이 꼭 필요했던 경우는 별로 없었기 때문이다. 물론, 그 말이 수학을 잘하기 위해 필요한 논리적 사고방식이 유사한 이공계 과목인 물리를 공부하는 데 도움이 된다는 의미라면 동의한다. 그러나 수학을 잘하는 것이 물리를 잘하기 위한 선행요건이나 필요조건이라는 뜻이라면 필자의 생각은 다르다.

물론 이런 생각은 필자가 물리학을 전공한 사람이 아닌, 대학 학부과정에서 그저 교양과목으로 배웠던 대학 물리학책을 가지고 공부한 사람이 이렇게 단정적으로 말하기는 어렵다는 것도 인정한다.

그러나 지금 독자들이 읽고 있는 이 책은 대학이나 대학원에서 전문적으로 물리학을 공부하는 사람들을 대상으로 하고 있는 것이 아니고, 필자가 예전에 그랬던 것처럼 복잡한 자연현상을 지극히 쉽게 단순화시킨 고등학교 물리책에서 제시되는 설명도 이해하지 못하거나 어렵다고 고개를 절레절레 흔드는 사람들이 주요 대상이라는 점을 고려할 때, 감히 "**물리를 잘하기 위해 반드시 수학을 잘할 필요는 없다**"고 단언한다.

물론 수학을 잘하는 사람이 물리도 역시 잘할 수 있는 확률 즉, 상호 간에 상관관계가 있을 수 있다는 것은 부정할 수 없다. 그러나 특히 필자가 이 문제를 강조하는 이유는 고등학교나 대학 교양과목 수준에서의 물리과목에서 제시하는 기본개념 정도를 이해하고 응용하기 위해서는 그렇게 높은 수준의 수학이 필요하지 않을 뿐만 아니라, 기초적인 수학적 지식만 갖고 있으면 충분한데도, 많은 사람들이 '수학을 잘해야 물리를 잘한다.'라는 고정관념에 사로잡혀 본인 스스로 그 말이 사실인지 아닌지 확인해 보지도 않고, 지레 겁을 먹어 스스로 한계를 짓고 벽을 쌓아 물리과목을 재미없는 과목으로 포기해 버리고 마는 경우가 적지 않다고 생각하기 때문이다.

그러면 지금부터 물리과목을 이해하기 위해 가장 기본적으로 필요한 기초적인 수학지식에 대해 알아보기로 한다.

특히 수학이든 물리든 사람들이 수식이나 공식을 사용하는 이유는 일일이 말로 설명한다면 오히려 자꾸 반복되어 비효율적으로 될 수 있는 개념들을 가장 단순하고 쉽게 표현하기 위해 우리 인간들이 만들어낸 지혜의 산물이라는 것을 다시 한 번 염두에 둘 필요가 있다.

시작도 하기 전에 어렵다고 할 것이 아니라 왜 수많은 사람들이 그런 수식과 공식을 애용하는지 그 의미를 생각해 볼 필요가 있다는 것이다. 다 편리해서 만들어지고 널리 사용되는 것 아니겠는가? 앞에서도 말했지만, 어떤 사람들은 이런 것을 찾아내고 만들어내기도 하는데 남들이 편리하게 쓰고 있는 것을 시작도 해 보기 전에 암호와 같이 어렵다고 단정지어 놓고 포기할 이유가 있는가?

스마트폰의 각종 어플도 처음에는 낯설기도 하지만 결국 편리하니까 많은 사람들이 사용하는 것 아니겠는가? 남들은 스마트폰과 어플을 만들어내기도 하는데 시작도 하지 않고 사용조차 못해서야 되겠는가?

미분과 적분이 그래프상 기울기와 면적임을 알면 충분하다

많은 사람들이 미적분(微積分)을 마치 수학이 재미없고 어려운 과목이라는 것을 나타내는 상징인 것처럼 말하기를 좋아한다. 하긴 달리 생각해 보면 그렇게 많은 사람들이 어려워하는 분야인 만큼 정말 미적분이 어렵다는 말이 맞을 수도 있겠다.

그러나 이 책의 3장에서도 이미 미분과 적분이 포함된 수식을 사용하여 설명한 바 있지만, 앞서 말한 대로 물리학개론 수준에서는 그렇게 고난도의 미적분에 대한 지식이 요구되는 것이 아니다. 필자는 그저 **미분이 그래프상에서 곡선의 기울기를 뜻하고, 적분은 그래프상에서 곡선이 만드는 면적을 의미**한다는 것을 아는 정도면 충분하지 않은가 싶은데, 다소의 과장은 있겠지만 이런 생각이 그렇게 틀린 것은 아니라고 생각한다.

미분의 의미 – 곡선의 기울기

그렇다면 우선 수학적으로 미분(微分; differentiation)이 의미하는 것이 무엇인지 살펴보자.

어떤 값 y가 다른 값 x에 따라 변할 때 즉, x의 값이 변함에 따라 y도 변하면 y는 x의 함수(函數; function)라고 하며, $y = f(x)$로 표시한다. 여기서, f는 function의 첫 글자에서 따온 것으로 ( ) 안의 변수 x가 변함에 따라 y의 값도 따라 변한다는 것을 나타낸다.

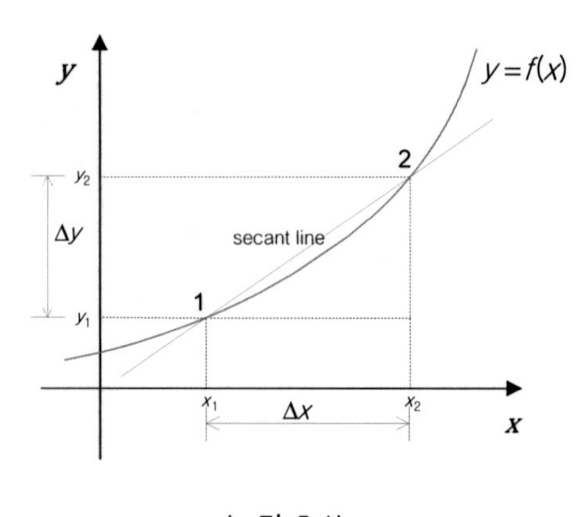

〈그림 5-1〉

〈그림 5-1〉은 $y = f(x)$를 그래프로 나타낸 예이다. 그림에서 x가 x_1에서 x_2로 Δx만큼 변했을 때 y도 y_1에서 y_2로 Δy만큼 변한다는 것을 알 수 있는데, x의 변화량[1] Δx에 대한 y의 변화량 Δy의 비율 즉, $\Delta y / \Delta x$를 x(**의 변화)에 대한** y**의 변화율**(變化率; derivative)이라고 한다.

또한 〈그림 5-1〉에서 1점과 2점을 연결하는 붉은색으로 표시된 직선을 할선(割線; secant line)이라고 하는데, 변화율 $\Delta y / \Delta x$은 이 직선의 기울기(경사=높이/밑변)를 나타낸다는 것을 알 수 있다.

$$\text{변화율} = \frac{\Delta y}{\Delta x} = \text{할선의 기울기} \qquad (24)$$

이때의 변화율을 두 점 1, 2의 **평균변화율**(平均變化率)이라고 한다.

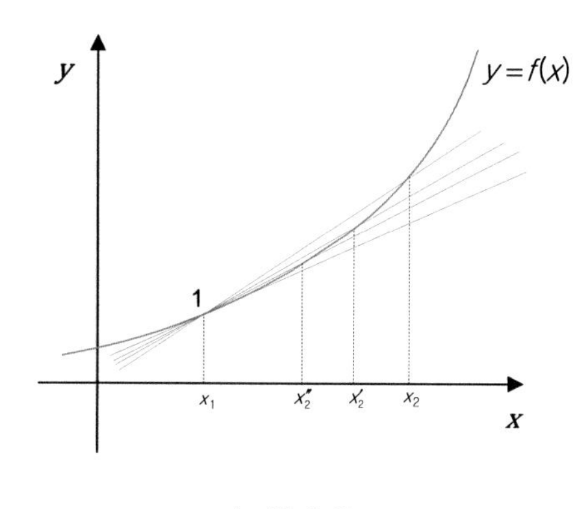

〈그림 5-2〉

그런데 〈그림 5-2〉에서 볼 수 있는 것처럼 x_2가 x_1에 가까워질수록 다시 말해, Δx의 크기가 줄어들어 0에 가까운 값이 될수록 두 점을 연결하는 직선도 점점 변해서 결국 1점에서 $y = f(x)$를 나타내

1) 다른 말로 증분(增分)이라고도 한다.

는 곡선에 접하는 직선 즉, 1점에서의 접선(接線; tangent line)이 된다.

이 경우 x나 y의 변화량은 어느 정도 크기를 갖는 변화를 나타내는 Δx, Δy 대신에 변화량이 0에 가까울 정도로 지극히 미소하다[2]는 것을 나타내기 위해 dx, dy로 표시하고, 이때의 변화율은 $\Delta y/\Delta x$이 아닌 dy/dx로 표시하며, 평균변화율과 구분하여 $x = x_1$에서의 **순간변화율**(瞬間變化率)이라고 하며, 〈그림 5-3〉과 같이 $x = x_1$에서 $y = f(x)$ 곡선에 접하는 접선의 기울기를 나타낸다.

$$\text{순간변화율} = \lim_{\Delta x \to 0} \frac{\Delta y}{\Delta x} = \frac{dy}{dx} = \text{접선의 기울기}$$

여기서, lim는 극한(極限)을 나타내는 limit의 약자로 limit로 읽고, lim 밑에 있는 $\Delta x \to 0$는 "x의 변화량 Δx가 무한히 작은 수인 0에 가까워진다면"이라고 가정한다는 것을 의미한다.

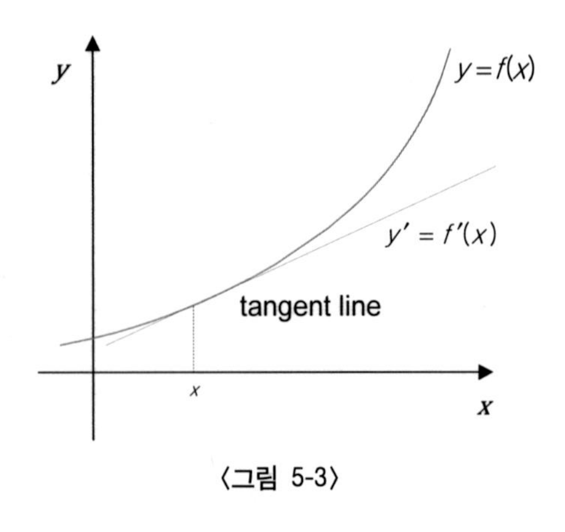

〈그림 5-3〉

---

2) 이와 같이 무한히 작은 수를 무한소(無限小; infinitesimals)라고 하는데, 의미상 0에 가까운 아주 작은 수를 뜻하지만, 사실상 그 개념은 상대적으로 우리가 고려하고 있는 대상의 크기에 따라 생각하는 게 합리적이라고 생각한다. 예를 들어, 돈으로 따지면 수십억 원을 호가하는 집을 매매할 때 1,000원은 0에 가까운 값으로 생각하여 무시할 수 있지만, 시장에서 콩나물을 살 때 1,000원은 결코 적지 않은 수가 되는 것이다.

순간변화율은 $y = f(x)$를 나타내는 곡선 위의 어떤 임의의 한 점 $x = x_1$ 에서의 접선의 기울기를 나타내는데, 이렇듯 어느 한 점 $x = x_1$ 에서의 순간변화율을 $x = x_1$ 에서의 **미분계수**(微分係數; differential coefficient)라고 하고, $f'(x_1)$로 표시한다. 즉,

$$f'(x_1) = \lim_{\Delta x \to 0} \frac{\Delta y}{\Delta x}\bigg]_{x=x_1} = \frac{dy}{dx}\bigg]_{x=x_1} \tag{25}$$

(25)식에서 $dy = f'(x_1)dx$ 가 됨을 알 수 있는데, $f'(x_1)$ 이 $x = x_1$의 위치에서 미분값 dy의 dx에 대한 비례관계를 나타내는 계수이기 때문에 미분계수란 이름이 붙여진 것이다.

또한 어느 한 점에서의 미분계수를 식 (25)에 따라 그 점x_1의 위치가 바뀔 때마다 일일이 구하는 것은 번거롭기 때문에, 원래의 일반함수 $y = f(x)$의 순간변화율이 x의 위치에 따라 어떻게 변하는지 그 결과를 x에 대한 함수로 표시하여 사용하여 이용하는데, 그 결과를 **도함수**(導函數; derivatives)라고 하며, y' 또는 $f'(x)$로 표시한다. 즉,

$$y' = f'(x) = \frac{dy}{dx} \tag{26}$$

여기서, 다시 한번 주목할 것은 식 (26)은 식 (25)와 달리 $x = x_1$이라는 표현이 없으며, 이는 특정 위치에서의 기울기 값을 구한 것이 아니고, x축의 어느 위치에서든 x의 값만 입력하면 순간변화율(접선의 기울기)을 구할 수 있는 일반함수라는 것이다.

일반함수 $y = f(x)$에서 도함수 $y' = f'(x)$를 구하는 것을 미분한다고 하고, 그 계산법을 **미분법**(微分法: differentiation)이라 한다. 일반적으로 많이 사용되는 다항식의 미분법은 다음과 같다.

$$y = f(x) = x^n + x^{n-1} + \cdots + x^2 + x^1 + C$$
$$y' = f'(x) = nx^{n-1} + (n-1)x^{n-2} + \cdots + 2x^1 + 1$$

예를 들어, 다음과 같은 3차 함수에 대해 도함수와 $x = 2$에서의 미분계수(순간변화율, 접선의 기울기)를 구하면 다음과 같다.

$$y = f(x) = x^3 + 5x^2 + 5 \qquad \text{일반함수}$$
$$y' = f'(x) = 3x^2 + 10x \qquad \text{도함수}$$
$$y'\Big]_{x=2} = f'(2) = 3 \times 2^2 + 10 \times 2 = 32 \qquad \text{미분계수}$$

필자의 경험으로는 미분과 관련된 기본개념은 지금까지 설명한 정도면 충분할 것이다. 물론 sine함수나 log함수 등의 미분법도 알아야 하겠지만 그렇게 어려운 일은 아니라고 생각한다.

그리고 2장에서 다룬 단위와 관련해서 미분계수 dy/dx의 단위는 당연히 그래프의 y축의 단위를 x축의 단위로 나눈 값과 같아야 한다. 이것은 너무나 당연한 사실이지만 그래프를 접할 때마다 x축과 y축의 단위를 일일이 확인하는 습관을 들이는 것도 필요하다.

미분계수의 그래프 적용사례

그렇다면, 앞에서 다룬 미분의 개념이 물리에서는 어떻게 쓰이는지 사례를 들어 살펴보기로 한다.

$$\vec{a} = \frac{d\vec{v}}{dt} \tag{27}$$

(27)식은 가속도와 속도변화와의 관계를 나타내는 식이다. 즉, 가속도는 속도의 시간에 대한 순간변화율과 같다는 것을 의미한다. 앞에서 논의한 내용을 상기하면서 다시 한번 따져 보면, 가속도의 단위는 m/sec^2이고, 가속도의 방향은 속도의 변화 방향과 같다는 것을 알 수 있다. 또한 가속도가 존재한다는 것은 속도의 변화가 있다는 것이고, 이것은 속도의 크기가 변하거나 방향이 바뀌거나 또는 크기와 방향 모두 변한다는 것을 의미한다. 물론 그 반대도 마찬가지다.

여기서는 미분계수가 그래프에서 갖는 의미를 살펴보기 위해, 식 (27)을 단순화해서 운동의 방향이 앞뒤로만 바뀌는 일직선 운동을 한다고 가정한다. 그러면 식 (27)의 벡터 식을 방향 성분을 제외하고 다음과 같이 쓸 수 있다.

$$a = \frac{dv}{dt} \qquad (28)$$

즉, 방향성분까지 포함한 벡터형식의 식 (27)이 크기만 나타내는 스칼라형식으로 바뀐 것을 알 수 있다. 물체가 일직선 운동을 하는 경우에는 속도의 방향이 바뀌지 않기 때문에 가속도의 방향이 속도 크기의 변화에만 좌우되는데, 속도의 크기가 증가하면(점점 빨라지면) 가속도의 방향은 물체가 움직이는 방향과 같고, 속도의 크기가 감소하면(점점 느려지면), 가속도의 방향은 물체가 움직이는 방향과 반대가 된다. 이것은 우리가 상식적으로 알고 있는 사실과도 같다.

즉, 전술한 (2)식과 같이 가속도에 질량을 곱하면 그 질량체에 가해진 힘과 같은데, 그 힘의 방향은 가속도의 방향과 같다.

$$\vec{F} = m\vec{a} = m\frac{d\vec{v}}{dt} \qquad (2)$$

따라서 물체가 움직이는 쪽으로 힘을 주어 가속을 하면($\vec{F} = m\vec{a}$),

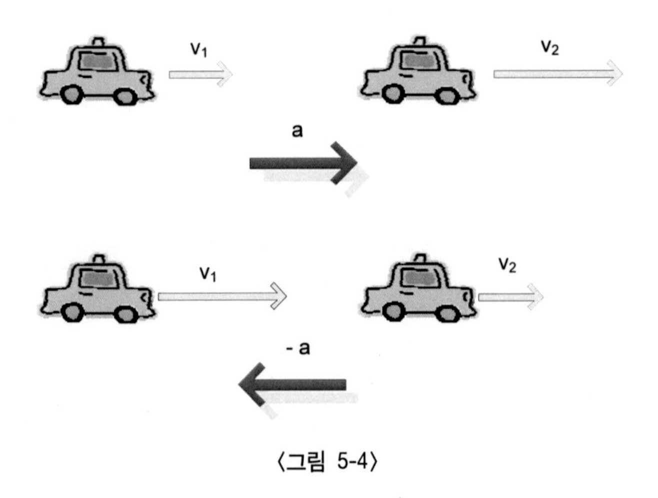

〈그림 5-4〉

물체의 속도가 빨라지고($a = dv/dt$), 움직이는 방향과 반대로 힘을 주면 물체가 느려진다. 이를 그림으로 나타낸 것이 〈그림 5-4〉이다.

〈그림 5-4〉의 위 그림의 자동차는 액셀을 밟아 가속하고 점점 속도가 빨라지는 경우로, 이때의 가속도(힘)의 방향은 그림에서 보는 것처럼 자동차의 진행방향과 같다. 이와 달리 아래 그림은 브레이크를 밟아 속도를 줄이고 있는 경우로 이때는 자동차의 진행방향과 반대 방향의 가속도(힘)가 작용하고 있음을 알 수 있다.

다시 본론으로 들어가 미분계수의 그래프상 의미를 논의해 보자. (28)식을 (26)과 대응하여 비교해 보면

$$y' = \frac{dy}{dx} \quad \rightarrow \quad a = \frac{dv}{dt}$$

x축을 시간 t, y축을 속도 v로, $y = f(x)$를 $v = f(t)$로 대응시키면 식 (28)은 〈그림 5-5〉와 같이 그래프로 나타낼 수 있다.

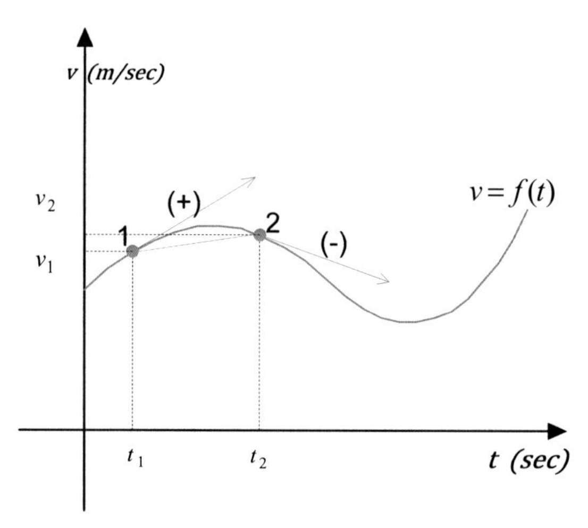

〈그림 5-5〉

즉, $v = f(t)$라는 함수의 그래프는 속도가 시간(의 변화)에 따라 변한다는 것을 보여준다. 특히 (28)식으로부터 이 그래프의 기울기가 가속도를 나타낸다는 것을 알 수 있다. 시간이 t_1일 때인 1점에서의 속도가 v_1이고, 시간이 t_2일 때인 2점에서의 속도가 v_2임을 알 수 있다.

여기서 1점과 2점을 연결하는 직선(파란색)의 기울기가 시간 t_1과 시간 t_2 사이의 평균가속도를 나타내고, 1점에서의 접선의 기울기가 시간 t_1에서의 순간가속도, 2점에서의 접선의 기울기가 시간 t_2에서의 순간가속도를 의미한다는 것을 알 수 있다. 또한, 시간 t_1에서의 순간가속도는 그래프상 접선의 기울기가 (+)로 가속도 a 역시 (+)가 된다는 것을 알 수 있다.

이것은 그래프상 1점 부근에서는 시간이 지남에 따라 속도가 빨라지고 있어 말 그대로 가속(加速)되고 있는 것에서도 알 수 있다.

이와 달리, 시간 t_2에서의 순간가속도는 접선의 기울기가 (-)로 가속도 a 또한 (-)가 되는데, 앞에서와 마찬가지로 그래프상 2점 부근에서는 시간이 지남에 따라 속도가 줄어들고 있어 감속(減速)되고 있다는 것을 알 수 있다.

이처럼 그래프를 통해 (28)식의 의미 즉, 어떤 물체가 감가속(減加速)되는 상황을 쉽게 이해할 수 있다. 특히 그래프를 통해 다음과 같이 있을 수 있는 여러 경우를 분석해 보는 것도 (28)식의 의미를 이해하는 데 중요하다고 생각한다.

우선 (28)식에서 가속도의 크기 a가 일정하다면 $v = f(t)$그래프의 기울기가 일정하게 된다. 따라서 그래프는 〈그림 5-6〉과 같이 일직선의 1차 함수 $y = ax + b$형태가 된다.

〈그림 5-6〉에서 보듯이, 직선운동에서 가속도의 크기가 일정하면(if a=constant) 속도 크기(속력)의 시간에 대한 변화율이 일정하고(then, dv/dt = constant), 속도는 시간에 따라 일정한 비율로 변하기 때문에 그래프의 경사가 일정하게 되어 그래프는 직선이 된다. 즉, $v = f(t)$는 $v = at + b$(단, a와 b는 상수)형태의 1차함수가 된다.

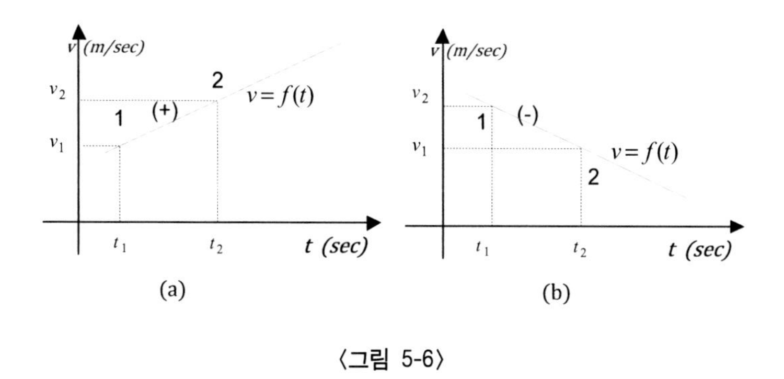

〈그림 5-6〉

$v = f(t)$의 그래프가 직선이라면 그래프로부터 가속도가 일정하다는 사실을 알아낼 수 있다. 이것은 직선운동을 하고 있고 가속도의 방향도 변하지 않고 크기도 일정하기 때문이다.

그리고 (28)식에서 좌변의 가속도의 크기가 0인 경우 즉, 가속도가 없는 경우 우변의 속도의 변화 dv 또한 0으로 없기 때문에 이때의 $v = f(t)$ 그래프는 〈그림 5-7〉의 (a)와 같이 된다.

즉, 가속도가 없기 때문에 시간에 따른 속도의 크기에 변화가 없어 v_1으로 일정하게 된다는 것을 알 수 있다. 이 경우 주의할 것은 가속도가 없어도 속도의 크기(속력)가 있다는 것이다. 다시 말하면 가속도가 없어도 일정한 속력으로 물체가 움직이고 있다는 것을 뜻한다.

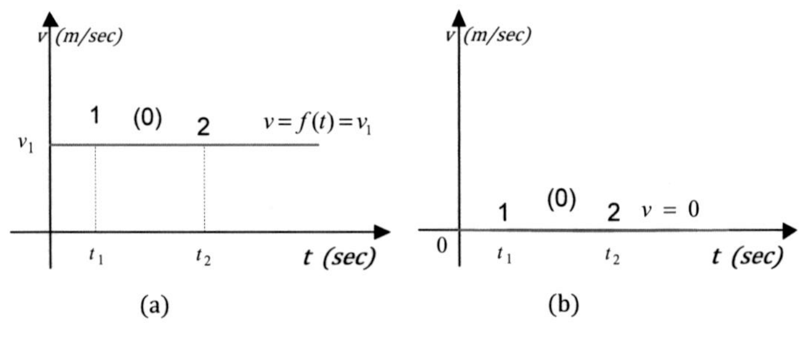

〈그림 5-7〉

그 일정한 속력의 특수한 경우 즉, 속력이 0으로 일정한 경우가 바로 움직이지 않고 정지된 상태이며, 〈그림 5-7〉의 (b)그림이 이러한 경우를 나타낸 것이다.

따라서, **가속도가 없으면(힘이 작용하지 않으면), 물체는 일정한 속도로 움직이거나 정지해 있게 된다**는 것을 그래프를 통해서도 다시 확인할 수 있는데, 이것을 뉴턴의 1법칙이라고도 한다.

이렇듯 미분이 곡선의 기울기(경사)를 의미한다는 것을 아는 것만으로도 어떤 주어진 개념을 그래프를 통해서 조금이라도 더 정확하게 파악하고 이해할 수 있게 된다. 그리고 이렇게 어떤 개념을 그래프를 통해 다시 한 번 그림으로 이해하고 확인하는 것은 물리적 사고(思考)의 확장을 위해 필요한 아주 중요한 과정이라고 할 수 있다.

적분의 의미 – 곡선의 면적

이번에는 적분(積分; integration)의 의미를 살펴보자.

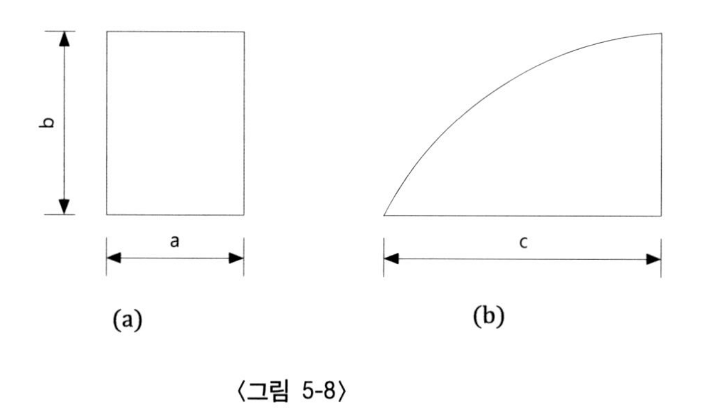

〈그림 5-8〉

〈그림 5-8〉의 (a)와 같은 직사각형의 면적은 $S = ab$로 구한다는 것은 누구나 아는 사실이지만, (b)와 같이 곡선형태인 도형의 면적을 정확히 구하는 것은 쉽지 않은 일이다.

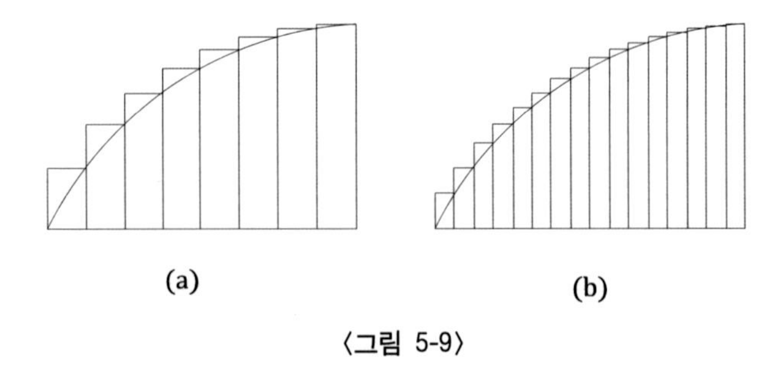

〈그림 5-9〉

〈그림 5-9〉는 이러한 곡선형태의 도형의 면적을 근사적(近似的)으로 구하는 방법을 나타낸 것으로, 곡선을 일정한 간격의 직사각형으로 구획하여 그 면적을 일일이 더하면 정확하지는 않지만 곡선형태를 가진 도형의 면적을 비슷하게 구할 수 있다.

이때 (a)와 (b) 그림을 비교해 보면, 그 간격을 더 잘게 나누면 나눌수록 실제 면적과의 오차가 줄어든다는 것을 알 수 있다. 이 간격을 무한대에 가까운 수로 나누어 근사치를 구한다면 사실상 실제 곡선형태 도형의 면적을 구할 수 있다는 것이 적분의 기본개념이라고 할 수 있다.

적분(積分)이라는 한자도 '분할된 것을 쌓는다.'는 의미를 갖는데, 이렇듯 적분이라는 용어도 적분의 기본개념에서 비롯된 것이라고 추정된다.

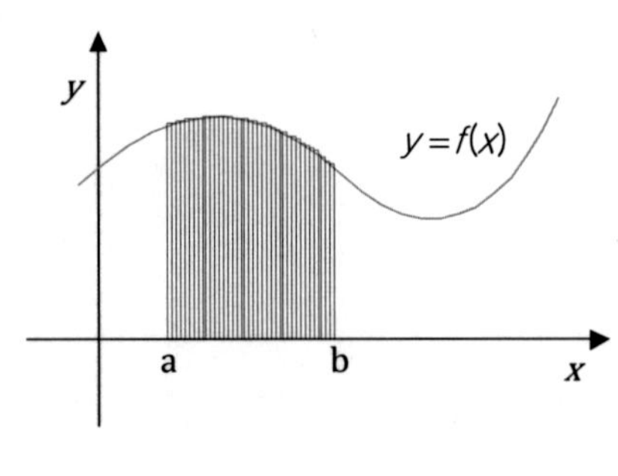

〈그림 5-10〉

앞에서 살펴본 곡선형태 도형의 근사치 면적을 구하는 방법을 $y = f(x)$의 함수에 적용하면 〈그림 5-10〉과 같이 된다. 〈그림 5-10〉과 같이 $y = f(x)$ 곡선의 a와 b 사이의 구간을 아주 극도로 작은 간격으로 분할하여 그 직사각형의 면적을 모두 더한다면 a와 b 사이의 곡선과 x축이 만드는 면적과 점점 근사하게 될 것이고, 앞에서와 마찬가지로 그 간격을 무한대로 나눈다면, 곡선과 x축이 만드는 도형의 면적을 구할 수 있게 된다.

a와 b 사이를 일정한 간격으로 n개로 분할하면 n개의 직사각형이 만들어지게 되는데 각각의 직사각형의 밑변의 간격 Δx는 아래와 같다.

$$\Delta x = \frac{b - a}{n}$$

점 a에서 k번째 위치한 임의의 점의 x값은 $x_k = a + k\Delta x$ 가 된다. 그리고 그 점에서 함수 $y = f(x)$ 의 값은 $f(x_k)$ 로 표시되기 때문에, k번째 위치한 점에서의 직사각형의 면적은 $f(x_k)\,\Delta x$가 된다. 따라서 a와 b 사이의 분할된 직사각형 n개를 모두 더하면 그 합은 다음과 같이 표시된다.

$$\sum_{k=1}^{n} f(x_k)\Delta x$$

여기서 Σ는 sigma(시그마)라고 읽으며, $\sum_{k=1}$는 수학적으로 '$k = 1$부터 n까지 모두 더한다.'는 것을 의미한다. 따라서 위 식은 다음과 같은 의미를 갖는다.

$$\sum_{k=1}^{n} f(x_k)\Delta x = f(x_1)\Delta x + f(x_2)\Delta x + \cdots + f(x_n)\Delta x$$

너무나 당연한 이야기지만, 이렇듯 수학에서 사용되는 기호는 복잡한 것을 단순하게 줄여 표현하기 위해 사용되는 일종의 약속으로 그 의미를 알면 훨씬 편리한 것이라는 것을 잊지 말아야 한다.

그리고 다시 n개를 무한대로 늘린다면 즉, a와 b 사이를 무한대의 직사각형으로 분할한다면, 이때 분할된 간격 Δx는 거의 영(무한소)이 될 정도로 지극히 미세하게 분할되는데, 이것을 수식으로 표현하면 다음과 같다.

$$\lim_{n\to\infty}\sum_{k=1}^{n} f(x_k)\Delta x$$

이 표현방식도 일일이 쓰기가 복잡하다고 이것을 다시 간단히 다음과 같이 쓰는데, 이 표현방식이 우리가 자주 접할 수 있는 적분기호이다.

$$\int_a^b f(x)dx = \lim_{n\to\infty}\sum_{k=1}^{n} f(x_k)\Delta x \qquad (29)$$

여기서, ∫은 적분기호로 integral(인테그럴)이라 읽는다. $\int_a^b f(x)dx$ **는 함수 y = $f(x)$의 x축의 a와 b 사이를 아주 미세한 간격으로 일정하게 분할하고 그렇게 분할되어 만들어진 직사각형의 면적을 모두 합한 면적이라는 것을 의미한다.**

수학적인 용어를 사용하여 설명하면, 〈그림 5-11〉에서 볼 수 있는 것과 같이 x축의 a와 b 사이의 구간을 정의역(定義域 domain of definition; domain of function)이라고 한다. 정의역은 함수가 정의되는 입력(入力; input)값의 범위 또는 그 값의 집합(the set of input values)이라고 할 수 있으며, 함수는 그 정의역의 값을 입력하면 그에 대응되는 출력 값을 제공하게 되는데 그 값의 영역을 치역(値域; codomain)이라고 한다.

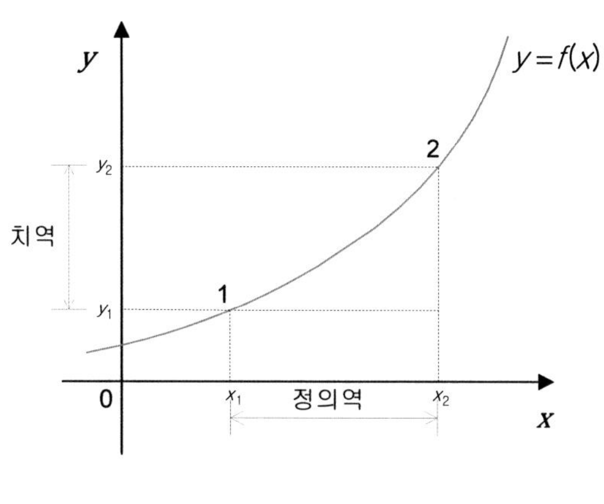

〈그림 5-11〉

치역이 0보다 큰 (+)의 영역에만 위치한다면 (29)식의 결과는 정의역에서 함수 y = $f(x)$가 만드는 곡선의 면적과 같다.

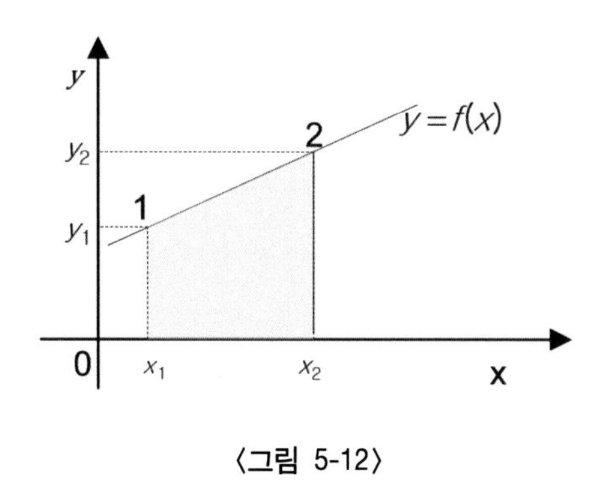

〈그림 5-12〉

즉, 〈그림 5-12〉와 같이 치역 $[y_1, y_2]$[3]이 모두 영보다 큰 양수일 경우에는 $\int_{x_1}^{x_2} f(x)dx$는 함수 $y = f(x)$와 x축이 만드는 음영부분의 면적을 의미하며, 따라서 그 면적을 구하면 $\int_{x_1}^{x_2} f(x)dx$의 결과를 별도의 계산 없이 구할 수 있다.

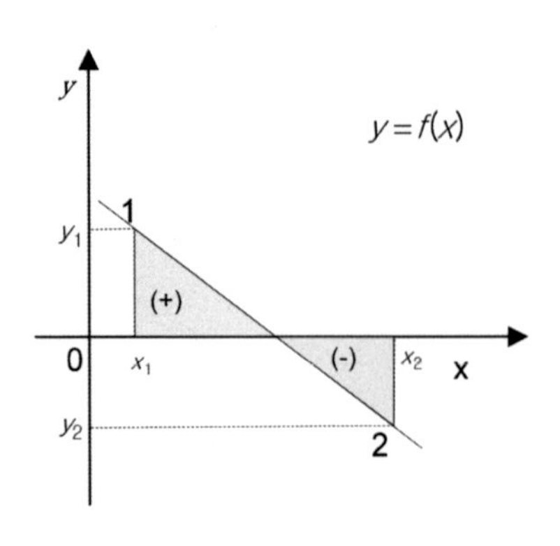

〈그림 5-13〉

그러나, 〈그림 5-13〉과 같이 **치역이 0보다 작은 음수 부분이 있다면 $\int_{x_1}^{x_2} f(x)dx$은 영보다 큰 부분의 면적에서 영보다 작은 부분의 면적을 뺀 면적**이 된다.

예를 들어, 〈그림 5-13〉에서 (+)부분의 면적이 5이고 (-)부분의 면적이 3이라면 $\int_{x_1}^{x_2} f(x)dx = 5 - 3 = 2$가 된다. 즉, 음양의 면적이 서로 상쇄된 후의 함수 $y = f(x)$ 그래프상의 면적을 의미한다. 따라서 (-)의 면적이 더 크다면 그 결과도 (-)가 된다. 이렇게 (-)값이 나올 때의 의미는 뒤에서 예를 들어 다시 설명하기로 한다.

---

3) [a, b]는 닫힌 구간이라 하며, $a \le x \le b$를 의미한다. 양쪽 끝의 a와 b가 포함된다. 이와 달리, (a, b)는 열린 구간이라 하고, $a < x < b$를 뜻한다. 열린 구간에서는 양끝의 a와 b가 포함되지 않는다.

또한 미분과 적분의 관계를 살펴보면 다음과 같다.

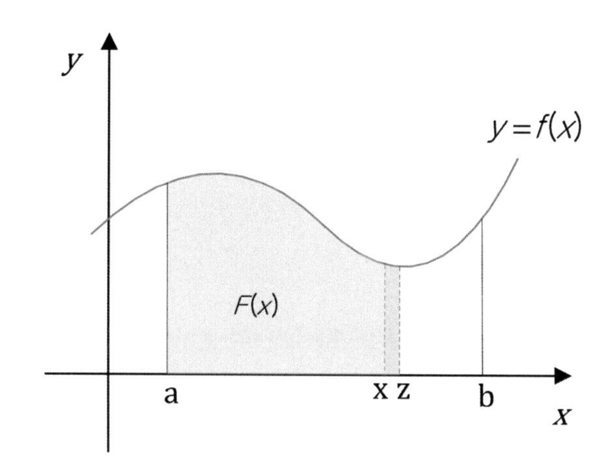

〈그림 5-14〉

〈그림 5-14〉에서 닫힌 구간 [a, b]에서 연속함수 $f(x)$에서 구간 [a, x]에서 $f(x)$와 x축으로 둘러싸인 영역의 넓이 즉, 초록색으로 표시한 부분의 면적을 $F(x)$라 하면, 〈그림 5-14〉에서 노란색으로 표시된 부분의 넓이는 $F(z) - F(x)$로 나타낼 수 있다. 그리고 그 밑변의 크기는 $(z - x)$이다.

따라서 노란색 부분을 직사각형으로 가정한다면 그 높이는 면적/밑변으로 구할 수 있으므로 $\{F(z) - F(x)\}/(z - x)$가 되고, 밑변의 간격이 무한소가 된다고 가정한다면 다음과 같이 수식으로 표시할 수 있다.

$$\lim_{z \to x} \frac{F(z) - F(x)}{z - x} = \frac{d}{dx} F(x) = F'(x) = f(x) \qquad (30)$$

즉, 노란색 부분을 무한히 작다고 가정하면 그 높이 값은 식 (30)에서 보듯이 함수 $F(x)$의 미분값 $F'(x)$과 같게 되는 데 결국 x 점에서의 함수 값 $f(x)$과 같게 된다. 따라서 함수 $f(x)$의 면적을 미분하면 그 함수 $f(x)$가 된다는 것을 알 수 있는데, 이를 **미적분의 기본정리**라고도 한다.

식 (30)을

$$dF(x) = f(x)dx$$

또는

$$F(x) = \int f(x)dx$$

으로 표시할 수 있는데, 여기서 $F(x)$를 원시함수[4] (原始函數; primitive function)라 하고, 이 원시함수를 구하는 과정을 부정적분(不定積分; indefinite integral)이라고 한다.

일반적으로

$$f(x) = a_0x^n + a_1x^{n-1} + \cdots + a_n(\text{단}, n \neq -1)^5$$

의 형태를 가질 경우 원시함수 $F(x)$는 다음과 같은 형태가 된다.

$$F(x) = \frac{a_0}{n+1}x^{n+1} + \frac{a_1}{n}x^n + \cdots + a_nx + C$$

여기서, C는 적분상수라고 하는데 적분상수 C는 원시함수 $F(x)$를 미분하면 0으로 소멸되어 없어진다. 예를 들어, $f(x) = x$의 원시함수 $F(x)$는 $F(x) = \frac{1}{2}x^2 + C$ 가 된다.

---

4) x로 미분하면 $f(x)$가 되는 함수 $F(x)$가 있을 때, $F(x)$를 원시함수라 한다.

5) 만일 $n = -1$이라면 원시함수의 계수 $\frac{a_0}{n+1}$의 분모가 0이 되기 때문에 이를 방지하기 위해 $n \neq -1$이란 조건이 붙었다.

이와 달리 앞의 식 (29)와 같이 함수 $f(x)$의 닫힌 구간 [a, b]에서의 적분값을 구하는 것을 정적분(定積分; definite integral)이라고 하며 다음과 같이 구할 수 있다.

$$\int_a^b f(x)dx = F(b) - F(a)$$

다소 선부른 생각인지는 모르겠지만 필자의 생각으로는 적분과 관련해서는 지금까지 설명한 정도의 지식과 함께 기본적인 적분공식 정도만 알고 있으면 기본적인 물리적 개념을 파악하거나 이해하는 데 큰 어려움이 없지 않을까 한다.

물리에서 적분의 그래프 적용사례

그렇다면, 이러한 적분의 개념이 물리에서는 어떻게 쓰이는지 사례를 들어 살펴보기로 한다.

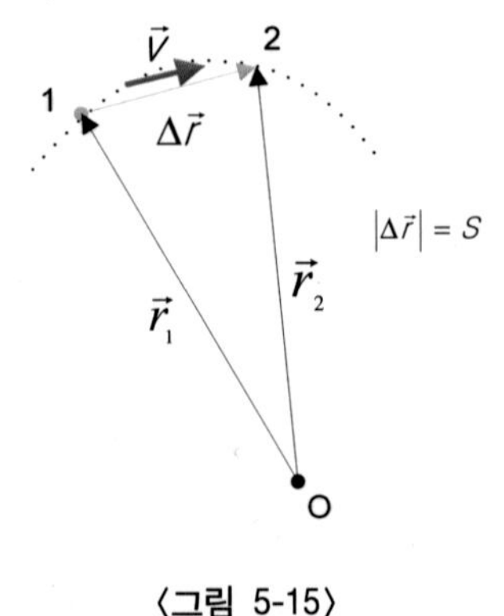

〈그림 5-15〉

〈그림 5-15〉에서 어떤 질점이 점1에서 점2로 운동을 한다고 했을 때, 속도 $\vec{v}$는 다음과 같이 벡터식으로 표시할 수 있다.

$$\vec{v} = \frac{d\vec{r}}{dt} \tag{31}$$

만약 이 질점이 운동방향이 앞뒤로만 바뀌는 직선운동을 한다고 하면, 매 순간의 운동방향을 고려하지 않아도 되기 때문에 다음과 같이 스칼라 형태의 식으로 나타낼 수도 있다.

$$v = \frac{ds}{dt}$$

여기서 ds는 $d\vec{r}$의 크기를 나타낸다. 즉, $|d\vec{r}| = ds$

다시 이것을 적분형태로 표시하면

$$\mathrm{S} = \int ds = \int vdt \qquad (32)$$

따라서 (32)식으로부터 직선으로 운동하는 물체의 속도를 시간에 대해 적분을 하면 그 직선상을 따라 움직인 거리를 구할 수 있다는 것을 알 수 있다.

어떤 질점이 $v = at$로 일정한 가속도로 직선운동을 하는 경우, 시간 t동안에 그 질점이 이동한 거리를 적분으로 구하면

$$\mathrm{S} = \int_0^t vdt = \int_0^t atdt = \frac{1}{2}at^2\Big]_0^{\mathrm{t}} = \frac{1}{2}at^2$$

이 된다. 그런데 이러한 결과는 적분의 그래프상의 의미를 이용하여 다음과 같이 쉽게 구할 수 있다.

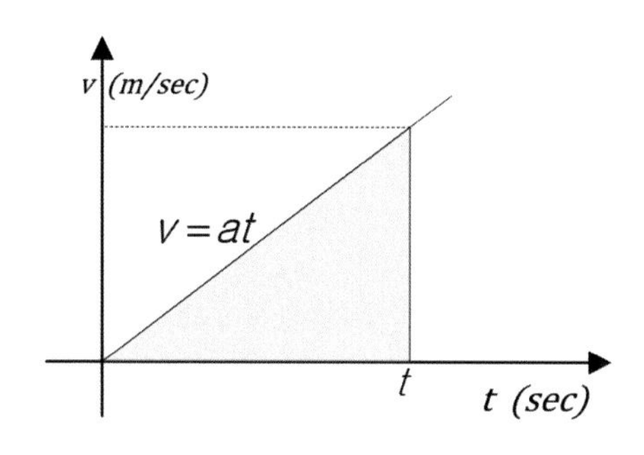

〈그림 5-16〉

즉, 식 (32)에서 시간 t 동안에 움직인 거리 S는 $v = f(t)$ 곡선에서 시간 t까지의 면적을 의미한다는 것을 배웠으므로 그래프에서 초록색 부분의 면적을 구하면 밑변이 t이고 높이가 at이므로 그 면적이 $\frac{1}{2}at^2$이 된다는 것을 쉽게 알 수 있다.

그리고 (32)식을 잘 살펴보면 x축(시간 t; sec)과 y축(속도 v; m/sec)의 곱하기 형태로 만들어져 있으므로 두 축의 단위를 곱하면 길이의 단위인 m만이 남는다는 사실에서도 x축과 y축을 곱하여 얻은 삼각형의 면적이 움직인 거리가 된다는 결과가 틀리지 않는다고 추정할 수 있다.

이렇듯 적분의 결과가 그래프상에서 면적임을 이용하면 공식을 이용하는 것보다 결과를 쉽게 계산해내기도 하고 또는 계산으로 얻어진 결과를 검증하는 수단으로 활용할 수 있다.

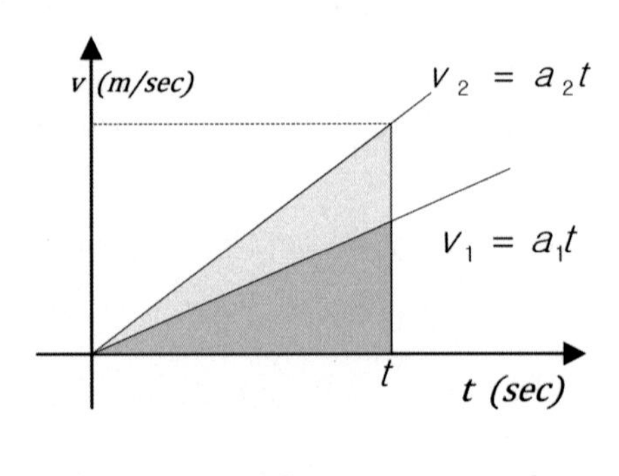

〈그림 5-17〉

이외에도 너무나 당연한 말이지만 그래프를 이용해 가속도 a와 속도 v 그리고 움직인 거리 S의 관계를 시각적으로 보면서 이해한다면 훨씬 더 쉽게 그 관계를 이해할 수도 있다.

〈그림 5-17〉에서 보는 것처럼 가속도의 크기 a_2가 a_1보다 크다면 운동이 시작된 후(움직이기 시작한 후) 일정한 시간 t 만큼이 경과했을 때의 속도의 크기 v_2도 역시 v_1보다 크다는 사실을 t 점에서의 그래프의 높이를 비교하여 알 수 있고, 그 움직인 거리 S_2도 S_1보다 크다는 것도 그래프상에서 이등변삼각형의 면적을 비교함으로써 쉽게 알아낼 수 있다.

이와 같이 실제 그래프를 활용하여 수식이나 설명을 통해 배운 사실을 다시 확인하는 과정은 물리적 개념에 대한 사고(思考) 능력을 증대시켜 주는 것으로 평상시에 충분히 훈련을 통해 몸에 익혀둘 필요가 있다.

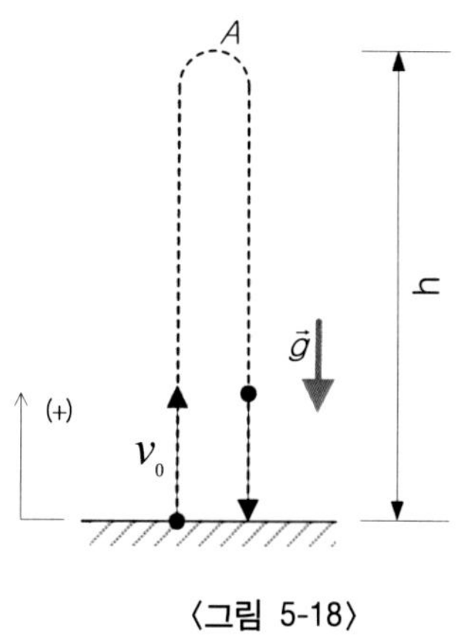

〈그림 5-18〉

〈그림 5-18〉은 지상에서 연직방향으로 공중으로 던져진 질점[6]의 운동을 나타낸 것으로, 그림에서는 이해를 돕기 위해 질점의 운동궤적을 포물선으로 그렸지만 실제는 직선운동을 하여 꼭대기점에서 방향만 바뀌어 내려온다.

6) 질점(質點)은 질량만 갖고 크기를 무시할 수 있는 가상의 물체로 크기를 무시하는 것은 병진운동만 고려하고 물체의 회전운동은 고려하지 않겠다는 것을 의미한다.

지상방향을 (+)로 설정하면, 중력가속도 $\vec{g}$의 방향은 아래 방향으로 작용하고 있어 (-)가 된다. 직선운동이기 때문에 구태여 벡터형식으로 쓰지 않고 중력가속도 $\vec{g}$의 크기 g에 (-) 기호를 붙여 (+)와 반대 방향으로 작용하고 있다는 것을 나타내곤 한다. 즉, $-g$로 표기한다.

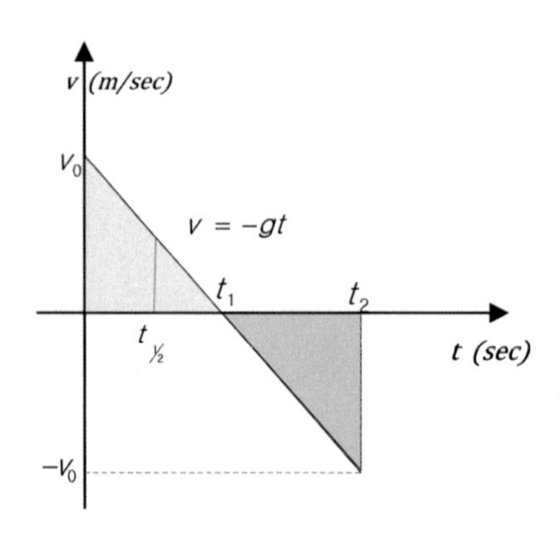

〈그림 5-19〉

질점이 던져진 초기의 속도의 크기를 v_0라고 하면, 질점의 운동을 〈그림 5-19〉와 같이 그래프로 나타낼 수 있다.

〈그림 5-18〉을 통해 던져진 질점의 속도 방향이 지상방향에서 꼭대기 A점에 도달해서는 아래 방향으로 바뀐다는 것을 알 수 있는데, 〈그림 5-19〉를 통해 보면 v_0의 초속도(初速度)로 던져진 질점의 속도의 크기가 점점 작아지다가 결국 시간 t_1에서 0이 되고, 다시 속도의 방향이 바뀌어 크기가 점점 커진다는 것을 알 수 있다.

꼭대기 A에서 속도의 방향이 바뀌기 때문에 그 꼭대기 점에서는 순간적으로 속도의 크기가 0이 된다는 것을 알 수 있으며, 이를 통해 〈그림 5-19〉로부터 시간 t_1에 던져진 질점이 꼭대기에 도달했다는 것을 알 수 있다.

앞에서 배운 $v = f(t)$곡선에서의 면적이 움직인 거리라는 사실을 이용하면 〈그림 5-19〉에서 초록색으로 표시된 이등변 삼각형의 면적이 바로 〈그림 5-18〉에서 던져진 질점이 꼭대기까지 올라간 높이 h와 같다는 것을 알 수 있다.

그리고 올라간 높이와 내려온 높이가 모두 h로 같기 때문에 내려온 높이를 뜻하는 빨간색의 이등변삼각형의 면적도 같아야 한다는 것도 알 수 있다.

초록색과 빨간색의 두 삼각형은 크기가 같고 세 끼인 각이 같기 때문에 합동[7]이 된다. 따라서 꼭대기점 A까지 올라갈 때까지 걸린 시간 t_1과 꼭대기점 A에서 다시 땅으로 내려올 때까지 걸린 $(t_2 - t_1)$이 서로 같다. 그리고 그 값은 〈그림 5-19〉에서 보듯이 던져진 질점의 초속도 v_0가 중력가속도 때문에 점점 작아져서 꼭대기점에서 순간적으로 0으로 되는 때까지 걸리는 시간이므로 다음과 같이 구할 수 있다.

$$v_0 - gt_1 = 0$$

$$\therefore\ t_1 = \frac{v_0}{g} \qquad (33)$$

(33)식의 단위를 다시 따져 보면 등호의 좌변이 시간(sec)이므로 우변 역시 시간이 되어야 한다.

$$\frac{v_0}{g} \to \frac{m/sec}{m/sec^2} = sec$$

7) 두 삼각형이 변의 길이가 모두 같고, 끼인 각이 모두 같을 때 두 삼각형은 합동(合同)이라고 한다.

이와 같이 도출해낸 결과에 대한 단위를 재차 확인해 보는 것은 앞에서도 누차 말한 것처럼 중간 과정에서 조그마한 실수라도 있었는지 찾아낼 수 있기 때문이다.

어쨌든 올라갈 때의 시간과 내려올 때의 시간이 같으므로 $t_2 = 2t_1$이 되어, 총 비행시간은 꼭대기까지 올라가는 시간보다 두 배가 된다는 사실도 쉽게 알 수 있으며, 따라서 식 (33)으로부터 총 비행시간 t_2는 다음과 같이 구할 수 있다.

$$t_2 = 2t_1 = \frac{2v_0}{g}$$

또한 〈그림 5-19〉에서 질점이 땅에 다시 떨어졌을 때의 속도의 크기는 초속도 v_0와 크기는 같고 그 값이 (-)이므로 방향은 반대라는 것을 알 수 있다.

그리고 꼭대기점 A까지의 높이 h는 초록색 이등변 삼각형의 넓이와 같으므로 다음과 같이 구할 수 있다. 즉,

$$h = \frac{1}{2}t_1 v_0 = \frac{1}{2}\frac{v_0}{g}v_0 = \frac{{v_0}^2}{2g} \qquad (34)$$

역시, 식 (34)의 단위를 따져 보면 좌변은 거리이므로 m가 되고, 우측은 다음과 같이 확인해 볼 수 있다.

$$\frac{{v_0}^2}{2g} \rightarrow \frac{(m/sec)^2}{m/sec^2} = m$$

(34)식으로부터 올라가는 높이 h는 ${v_0}^2$에 비례하여 커진다는 것을 알 수 있는데, 이러한 사실은 〈그림 5-19〉에서 초속도의 크기가 반으로 줄어든 $t_{1/2}$점에서부터 꼭대기점까지 비행한 거리(이등변 삼각형

의 면적)가 $1/4$에 불과하다는 사실로부터도 거꾸로 확인할 수 있다.

그래프로부터 속도의 크기가 초속도 v_0의 반이 되는 지점 $t_{1/2}$점은 꼭대기점 A까지의 높이 h의 $3/4$이 되는 지점이라는 것도 알 수 있다.

서로 합동인 초록색 이등변 삼각형과 붉은색 이등변 삼각형을 비교하여 보면, 높이가 같은 점에서는 올라갈 때와 내려올 때의 속도의 크기가 같고 방향이 반대라는 사실도 쉽게 알 수 있다.

그리고 총 비행거리는 〈그림 5-18〉에서 $2h$가 되는데, 이는〈그림 5-19〉에서 두 삼각형의 면적을 모두 합한 것이므로

$$2h = 2 \times \frac{{v_0}^2}{2g} = \frac{{v_0}^2}{g}$$

가 된다. 실제 움직인 거리인 총 비행거리와 달리, 총 비행시간 동안의 변위(變位)를 구하면 두 삼각형이 서로 (+)와 (-)로 상쇄되어 0이 된다는 것도 알 수 있다. 즉, 다시 원위치로 돌아왔기 때문에 위치의 변화가 없다는 것을 의미하는데, 이는 다음과 같이 시간에 대한 속도의 정적분의 결과와 같다.

$$\mathrm{S} = \int_0^{t_2} v dt = \int_0^{t_1} at dt + \int_{t_1}^{t_2} at dt = \frac{{v_0}^2}{2g} - \frac{{v_0}^2}{2g} = 0$$

여기서, $\int_0^{t_1} at dt$와 $\int_{t_1}^{t_2} at dt$는 각각 올라갈 때 움직인 거리와 내려올 때 움직인 거리로 결국 모두 높이 h와 같으며, 결국 초록색 삼각형과 붉은색 삼각형의 면적과도 같은데, 다만 내려올 때는 〈그림 5-19〉에서와 같이 치역이 0보다 작은 (-)구간에 있기 때문에 서로 상쇄되어 없어져서 비행의 처음 위치로 되돌아오는 것을 나타내고, 따

라서 결국에는 위치의 변화가 없게 된다는 것을 알 수 있다.

또한 〈그림 5-18〉에서 꼭대기점 A로부터의 운동을 생각하면 그 점에서의 속도가 0이므로, 사실 그 점에서 질점이 자유낙하하는 경우랑 완전히 똑같다는 것도 알 수 있다.

앞의 사례를 응용하면 다음과 같은 문제도 쉽게 그래프를 통해 그 운동을 이해하고 필요한 값을 쉽게 구할 수 있다.

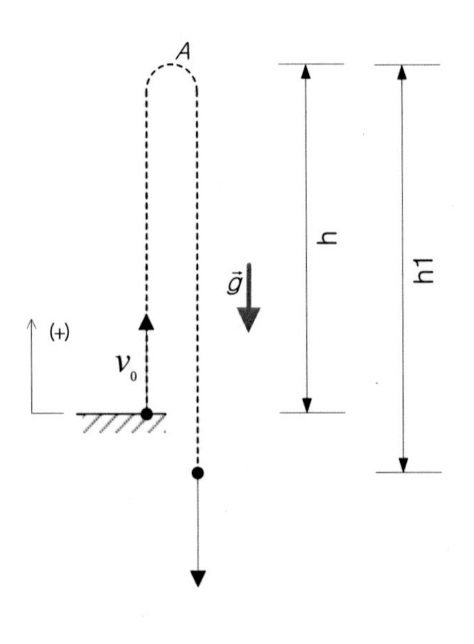

〈그림 5-20〉

〈그림 5-20〉은 〈그림 5-18〉의 운동과 비슷한데, 다만 내려오는 과정에서 쏘아 올려진 처음의 높이보다 더 아래 방향으로 내려갔다고 가정한 경우이며, 〈그림 5-21〉은 이때의 운동을 그래프로 나타낸 것이다.

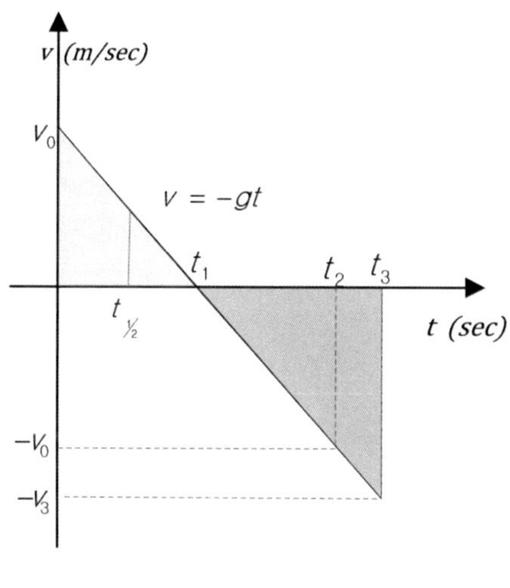

〈그림 5-21〉

이 사례에서는 땅에 떨어지는 순간의 속도의 크기 v_3를 구하거나 그때까지의 비행시간 t_3를 구하는 것이 문제가 될 수 있는데, 이것 역시 〈그림 5-21〉을 이용해서 구할 수 있다.

〈그림 5-21〉에서 빨간색 삼각형의 면적이 h_1과 같으므로 다음과 같이 비행시간 t_3를 구할 수 있다.

$$v_3 = g(t_3 - t_1)$$

$$h_1 = \frac{1}{2}v_3(t_3 - t_1) = \frac{1}{2}g(t_3 - t_1)^2$$

$$\therefore (t_3 - t_1) = \sqrt{\frac{2h_1}{g}} \quad \therefore\ t_3 = t_1 + \sqrt{\frac{2h_1}{g}}$$

그리고 이 결과는 앞에서와 마찬가지로 물체가 꼭대기 점 A에서 자유낙하된 것이라고 생각하여 구하여도 같은 결과를 얻을 수 있다.

그래프를 통해 물리량 간의 상호관계를 사고(思考)하는 습관

앞에서 살펴본 것처럼 미적분의 그래프상 의미를 이용하면 어떤 물리량의 개념을 나타내는 공식이나 수식으로부터 그래프를 그려낼 수 있고, 이 그래프상에서 미분이 곡선의 기울기를 뜻한다는 사실과 적분이 곡선이 만드는 넓이(면적)를 의미한다는 사실을 이용하여 물리량 간의 상호관계를 조금 더 쉽고 정확하게 이해하거나 또는 계산식을 통하지 않고 그래프상에서 쉽게 물리량의 값을 구할 수도 있다.

특히, 그래프를 그려보면 물리량 간의 관계를 시각적으로 이해할 수 있어 단순히 공식만을 갖고 이해할 때보다 훨씬 더 쉽고 정확하게 이해할 수 있다. 따라서 되도록 그래프를 그릴 수 있다면 그때마다 그래프를 그려보는 습관을 들이고 그 그래프상에서 어떤 정보를 도출해낼 수 있는지 사고하고 분석하는 훈련을 자꾸 반복할 필요가 있다고 생각한다. 이렇게 반복하다 보면 어느 순간부터는 그냥 공식이나 수식만 봐도 자연스럽게 머릿속에 그래프까지 같이 그려지는 단계에 이르는 것을 느낄 수 있는 것이다.

반복해서 이야기하지만, 미적분과 같은 수학도 사람들이 조금이라도 더 편리하게 자연을 이해하기 위해 만들어낸 지혜의 산물이고, 수많은 다른 사람들이 그 편리성 때문에 활용하고 있는 것을 스스로 해보지도 않고 남들이 하는 근거 없는 말을 듣고 지레 겁을 먹거나 초기단계에서 이해가 어렵다고 스스로 적성에 안 맞는다는 식으로 한계를 지어버리는 것처럼 어리석은 일은 없을 것이다.

스스로 만들어 놓은 그 벽부터 깨내는 노력을 할 필요가 있다. "미적분은 어렵다."거나 "수학을 잘해야 물리를 잘한다."는 근거도 없이 수많은 사람들에게 올가미처럼 씌어져 있는 허상으로 만들어진 벽을 깨내야 한다. 그리고 앞에서 제시한 순서대로 차근차근 개념을 사고하며 이해하는 능력을 배양하는 것이 중요하다.

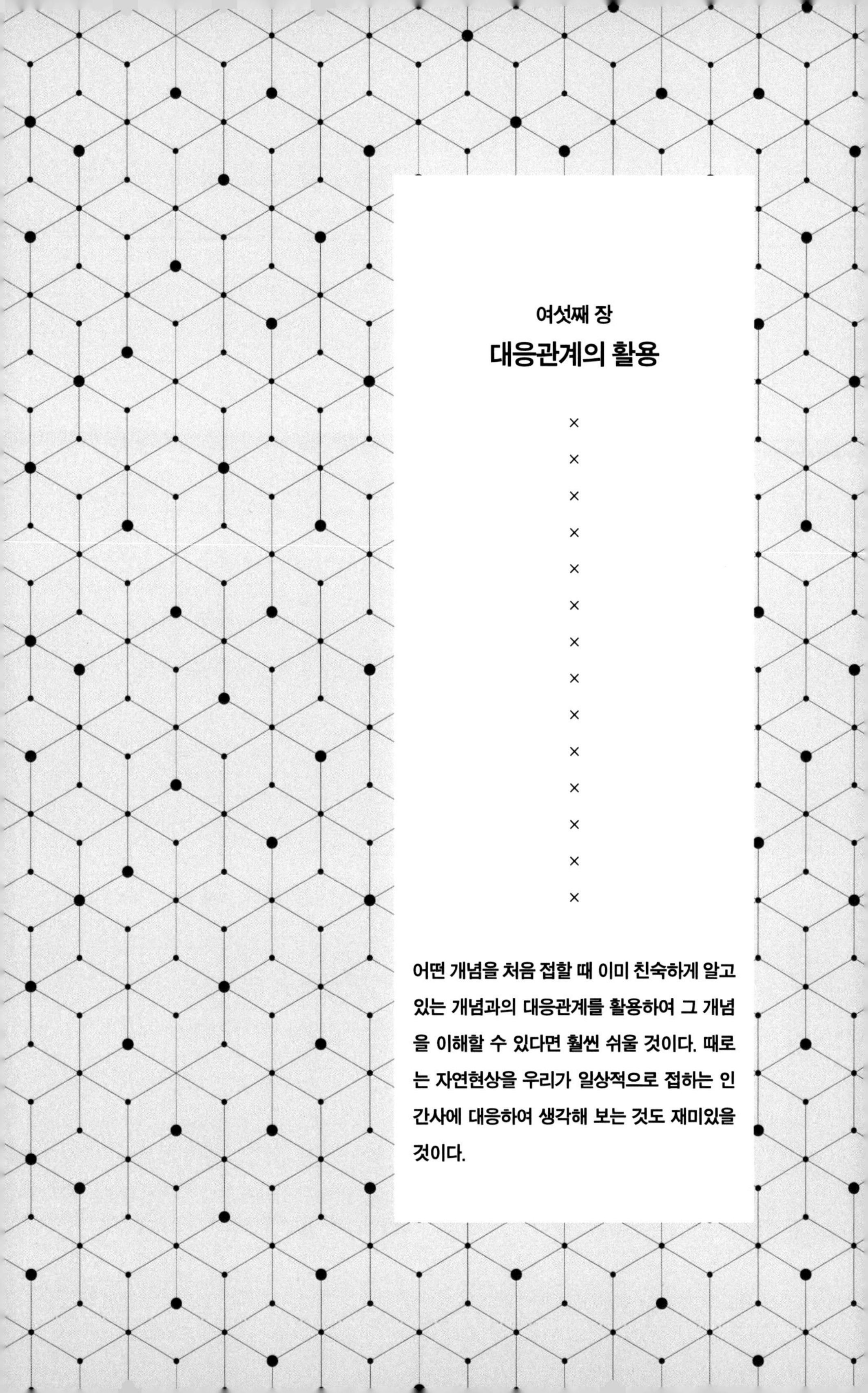

여섯째 장

대응관계의 활용

×
×
×
×
×
×
×
×
×
×
×
×
×
×

어떤 개념을 처음 접할 때 이미 친숙하게 알고 있는 개념과의 대응관계를 활용하여 그 개념을 이해할 수 있다면 훨씬 쉬울 것이다. 때로는 자연현상을 우리가 일상적으로 접하는 인간사에 대응하여 생각해 보는 것도 재미있을 것이다.

대응관계의 중요성

많은 사람들이 수학이나 물리책을 처음 보기 시작할 때는 의욕이나 각오가 새로워서 그런지는 몰라도 그래도 앞 부분에 대해서는 뒷부분보다 훨씬 많이 알고 익숙한 편이라고 생각한다.

필자가 꼭 그랬는데, 진도를 나가면서 새로운 개념들을 많이 접하게 되는데 앞에서 공부한 것들과 뒷부분이 서로 연결되지 않아서 서로 헷갈리고 그러다 결국 재미와 흥미를 잃는 경우가 많았다.

그런데 만약 앞 부분에서 공부한 개념과의 대응관계를 이용해서 새로 접하는 개념들을 이해하는 데 활용할 수만 있다면 새로운 개념을 이해하는 어려움을 크게 줄여줄 것이다.

자연현상을 이해하는 데 이런 대응관계를 활용할 수 있는 경우가 적지 않다는 것을 알게 되었는데, 여기서는 두 가지 예를 들기로 한다.

중력장과 전기장

보통 사람에게는 다소 생소한 전기장(電氣場)을 다루기 전에 중력장(重力場)에 대해 먼저 알아보자.

뉴턴이 운동법칙 외에 물리학의 발전에 기여한 위대한 공헌은 '만유인력(萬有引力)[1]의 법칙'의 발견이라고 할 수 있다. 이 법칙은 뉴턴이 케임브리지 대학 2학년 때 유럽에 흑사병이 도는 바람에 모든 학교들이 휴교를 하여 뉴턴이 고향에 돌아와 있을 때, 고향집 정원에서 있던 나무에서 사과가 떨어지는 것을 보고 발견했다는 것으로, 그 법칙의 내용을 살펴보면 다음과 같다.

---

1) 만유인력(萬有引力)의 한자 뜻은 만물은 모두 인력(引力), 즉 잡아당기는 힘을 갖고 있다는 것이다. 그 한자어에 이 법칙의 내용 자체가 담겨 있다. 따라서 물리량의 이름이나 어떤 법칙의 이름이 갖고 있는 의미를 살펴보는 것도 그 개념을 이해하는 데 많은 도움이 된다.

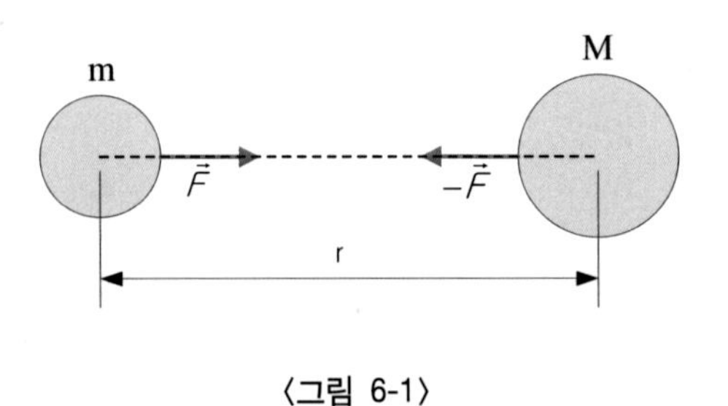

〈그림 6-1〉

〈그림 6-1〉에서 보는 것처럼 **질량이 m과 M인 두 물체 사이에는 두 물체의 중심점을 잇는 선을 따라 서로 방향이 반대인 서로 잡아당기는 힘[2] 즉, 인력(引力)이 작용하고 그 크기는 거리의 제곱에 반비례한다.** 이렇듯 질량을 가진 물체에 의해 발생하는 힘을 중력(重力; gravitational force)이라 하며, 이 힘의 크기는 식 (35)와 같다.

$$F = G\frac{Mm}{r^2} \tag{35}$$

여기서, 비례상수 G는 만유인력 상수라고 하며, 위의 식에 따라 두 개의 알려진 질량 M과 m 사이의 거리 r을 측정하고 그 질량체 사이에서 작용하는 힘을 측정하여 이 값을 결정할 수 있는데, 이렇게 구해진 그 크기는 다음과 같다.

$$\mathrm{G} = 6.67 \times 10^{-11}\, Nm^2/kg^2(\text{또는 } m^3/(kg.sec^2)$$

또한 만유인력 상수 G의 단위를 살펴보면 다음과 같다.

$$G = \frac{Fr^2}{Mm} \rightarrow \frac{Nm^2}{kg^2} = \frac{\left(kg \cdot \frac{m}{sec^2}\right)m^2}{kg^2} = m^3/(kg.sec^2)$$

---

2) 이와 같이 두 물체의 중심을 잇는 선을 따라 작용하는 힘을 중심력(中心力)이라고 한다.

다시 식 (35)를 살펴보면, 두 질량체 M과 m 사이에 작용하는 힘은 두 질량의 크기에 비례하고 두 질량체의 중심점 사이의 거리의 제곱에 반비례한다. 다시 말해 질량이 크면 클수록 작용하는 힘이 커지고, 거리가 멀어질수록 힘은 작아진다는 것을 알 수 있다.

어떤 공간영역에서 질량체가 그 공간영역 안에 있는 다른 질량체에 의해 발생된 힘을 받으면 중력장(重力場; gravitational field)이 있다고 말한다.

즉, 질량을 가진 모든 물체는 중력장을 만들어낸다.

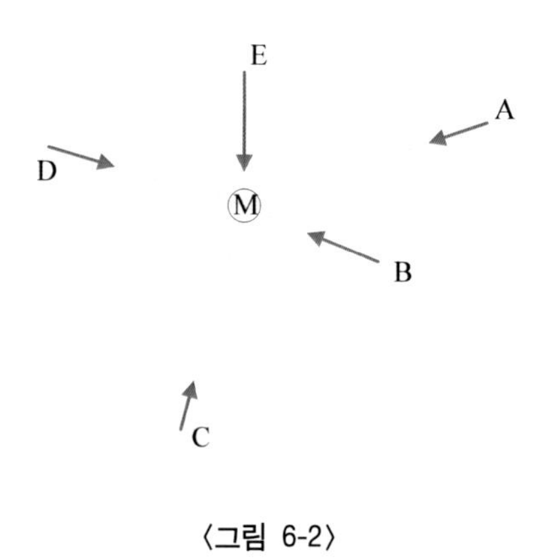

〈그림 6-2〉

〈그림 6-2〉에 보인 것처럼 질량체 M 주변에 여러 다른 위치 A, B, C…에 다른 질량체 m을 놓으면 이 질량체 m은 M과의 상호작용 때문에 (35)식과 같은 힘, 만유인력을 받을 것이다.

이 힘을 벡터형태로 쓰면

$$\vec{F} = -G\frac{Mm}{r^2}\vec{u} \qquad (36)$$

와 같이 쓸 수 있는데, 여기서 $\vec{u}$는 질량체 M에서 m으로 향하는 방향을 갖는 크기가 1인 단위벡터이다. 따라서 (36)식의 (-)기호는 m이 받는 힘의 방향이 M 쪽으로 향하고 있음을 나타내며, 이것은 이 힘이 잡아당기는 힘 즉, 인력(引力)임을 나타낸다.

〈그림 6-3〉

〈그림 6-3〉에서 보는 것처럼 점 p에 어떤 질량체 m이 놓여져 있다면 질량체 M에 의해 힘을 받는데, 이때 m이 받는 힘을 단위질량당 힘의 크기로 표시한 것을 질량체 M에 의해서 생긴 **중력장의 세기**(gravitational field strength)라고 한다. 즉, 점 p에서 질량체 M에 의해 생긴 **중력장의 세기 $\vec{\Gamma}$**[3]**는 점 p에 위치한 질량체 m의 단위질량에 작용하는 힘**으로 정의된다.

$$\vec{\Gamma} = \frac{\vec{F}}{m} = -\frac{GM}{r^2}\vec{u} \qquad (36)$$

식 (36)으로부터 중력장은 항상 중력장을 만들어내는 질량체의 방향으로 작용된다는 것을 알 수 있으며, 중력장의 세기는 그 크기가 중력장을 만들어내는 질량체 M의 크기에 비례하고 질량체 M으로부터 떨어진 거리 r의 제곱에 반비례한다는 것을 알 수 있다.

또한, 식 (36)으로부터 중력장의 세기가 $\vec{\Gamma}$인 곳에 질량체 m을 놓으면 m이 받는 힘은

$$\vec{F} = m\vec{\Gamma}$$

로 표시할 수 있으며, 뉴턴의 운동 제2법칙 $\vec{f} = m\vec{a}$와 비교하여

---

3) Γ는 그리스문자 중 대문자로 감마(gamma)라고 읽는다. Γ의 소문자는 γ이다.

보면, 중력장의 세기 $\vec{\Gamma}$의 단위가 가속도의 단위와 같다는 것을 알 수 있다. 물론 질량체 m이 받는 힘의 방향 또한 중력장의 세기의 방향과 같다는 것도 알 수 있다.

(36)식과 비교해 보면 중력가속도는 지구라는 질량체가 지구 표면에서 만들어내는 중력장의 세기라는 것도 알 수 있다. 즉,

$$\vec{g} = \frac{\vec{F}}{m} = \vec{\Gamma}$$

〈그림 6-4〉는 여러 개의 질량체 M_1, M_2, M_3가 있다고 했을 때, p점에 위치한 질량체 m에 작용하는 중력장의 세기는 질량체 M_1, M_2, M_3이 만들어내는 중력장의 세기를 모두 합한 합성중력장이 된다.

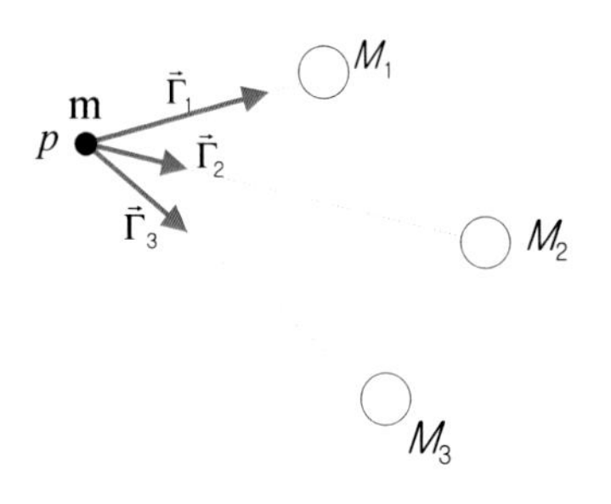

〈그림 6-4〉

즉, 합성중력장은 $\vec{\Gamma} = \vec{\Gamma}_1 + \vec{\Gamma}_2 + \vec{\Gamma}_3$가 되며, 따라서 질량체 m이 받는 중력의 크기는 다음과 같다.

$$\vec{F} = m\vec{\Gamma} = m(\vec{\Gamma}_1 + \vec{\Gamma}_2 + \vec{\Gamma}_3)$$

이때, 질량체 m이 받는 중력의 방향은 합성중력장 $\vec{\Gamma}$의 방향과 같고, 이는 각각의 중력장의 세기의 벡터합 $\vec{\Gamma}_1 + \vec{\Gamma}_2 + \vec{\Gamma}_3$의 방향과 같다.

이상과 같이 중력장에 대한 아주 기본적인 개념을 알아보았는데, 이렇게 중력장에서 공부한 내용은 전기장의 개념과 대응되는 것이 많아 이를 활용하면 전기장을 더 쉽게 이해할 수 있다.

질량을 가진 물체의 중력적 상호작용은 (35)식에서 보는 것처럼 물체의 질량[4](mass)과 관련되어 있다. 이와 유사하게 물체의 전기적 상호작용은 전기적 질량(electrical mass) 즉, 전하(電荷; electrical charge)로 표시된다. 이러한 질량과 전하를 대응시켜 전기장의 개념을 쉽게 익힐 수 있는 방법을 살펴본다.

전하는 주변에 전기적으로 대전(帶電)된 즉, 전기를 띤 다른 물체가 있을 때 힘을 발생시키는 물질의 특성을 나타내며, 그 크기는 전하량(電荷量; quantity of electrical charge)이라고 하며 보통 q나 Q로 표시한다.

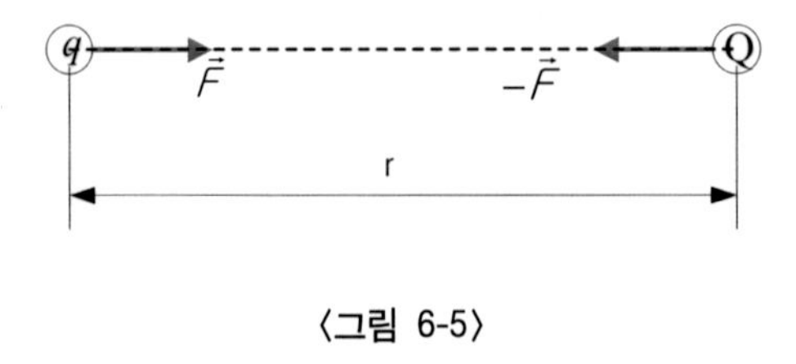

〈그림 6-5〉

두 개의 전하 Q와 q 사이에 작용하는 힘은 다음과 같이 표시되는데, 재미있는 것은 질량체 간에 작용하는 힘을 나타내는 만유인력의 법칙 (35)식과 그 식의 형태가 아주 흡사하다는 것이다.

$$F = K_e \frac{Qq}{r^2} \tag{37}$$

4) 이때의 질량은 중력질량(gravitational mass)이라 하고, 뉴턴의 운동2법칙 $\vec{F} = m\vec{a}$에서 정의된 질량인 관성질량(inertial mass)와 구별하기도 하며, 결국 이 두 가지 개념의 질량이 서로 같은데 이를 등가원리(等價原理)라고도 한다.

(37)식과 (35)식을 비교해 보면 만유인력상수 G가 상수 K_e로 바뀌고 질량 M, m이 전하량 Q, q로 바뀌었을 뿐 식의 형태가 같다는 것을 알 수 있다.

(37)식은 이 법칙을 제시한 프랑스의 토목공학자이며 물리학자인 Charles A. de Coulomb(1736~1806년)의 이름을 따서 **쿨롱(Coulomb)의 법칙**이라고 한다.

전하 또는 전하량의 단위는 쿨롱(Coulomb)을 사용하며, C로 표시한다.

상수 K_e는 역시 쿨롱상수라고 하며, 그 값은 다음과 같이 정의되었다.

$$K_e = 10^{-7}c^2 = 8.9874 \times 10^9 \qquad (38)$$

여기서, $c = 2.9979 \times 10^8 m/sec$는 진공 속에서의 빛의 속도이다. K_e의 단위는 (37)식에서 $N \cdot m^2/C^2$ 또는 $kg \cdot m^3/C^2 \cdot sec^2$임을 알 수 있다.

따라서, 전하량의 단위 1coulomb(1C)은 진공 속에서 똑같은 1coulomb의 전하를 1m 떨어뜨려 놓았을 때 $10^{-7}c^2$ N 또는 8.9874×10^9 N의 힘을 만들어내는 전하량이라고 할 수 있다.

또한, K_e는 진공상태의 유전율(誘電率; vacuum permitivity)[5] ε_0을 쓰면 다음과 같이 된다.

$$K_e = \frac{1}{4\pi\varepsilon_0} \qquad (39)$$

5) 진공상태에서 얼마나 전기를 잘 통하는지를 나타내는 비율 정도로 이해하면 된다.

(39)식을 (37)식에 대입하면

$$F = \frac{1}{4\pi\varepsilon_0}\frac{Qq}{r^2} \qquad (40)$$

식 (38)과 식 (39)로부터 ε_0의 값을 구할 수 있는데, 그 값은 다음과 같다.

$$\varepsilon_0 = \frac{10^7}{4\pi c^2} = 8.854 \times 10^{-12}\ \mathrm{C}^2/Nm^2$$

다시 한 번 말하지만, 이 책에서 설명하고자 하는 중요한 내용은 이와 같이 쿨롱의 법칙에 대한 내용을 상세하게 설명하고자 하는 것이 아니라, 만유인력의 법칙인 (35)식으로 설명되는 질량체 간의 중력적 상호작용과 쿨롱의 법칙을 나타내는 (37)식으로 표시되는 두 전기를 띤 물체 간의 전기적 상호작용이 물리량 간에 어떻게 대응이 되고, 그 대응되는 물리량을 이용해서 새로 접하게 되는 전기장을 쉽게 이해하는 방법을 제시하는 것이라는 것을 잊지 않았으면 한다.

두 식을 비교해 보면, 중력적 상호작용을 발생시키는 질량과 전기적 상호작용을 일으키는 전하 또는 전하량이 서로 대응된다는 것을 쉽게 알 수 있다.

두 질량체는 서로 잡아당기는 힘인 중력을 만들어내고 두 개의 전하 역시 전기력을 만들어낸다. 차이가 있다면 두 질량체는 만유인력(萬有引力)이라는 한자어가 뜻하는 것처럼 서로 잡아당기는 인력(引力)만 발생시키지만, 전하는 질량체와는 달리 양(陽; +)과 음(陰; -) 두 가지로 구분되는데 같은 종류끼리는 서로 밀어내는 힘인 척력(斥力)을 발생시키고 다른 종류끼리는 서로 잡아당기는 인력을 만들어낸다는 것이다. 그리고 이 힘들도 만유인력과 마찬가지로 두 물체 사이에 작용하는 힘은 두 물체의 중심점을 잇는 선을 따라 작용한다.

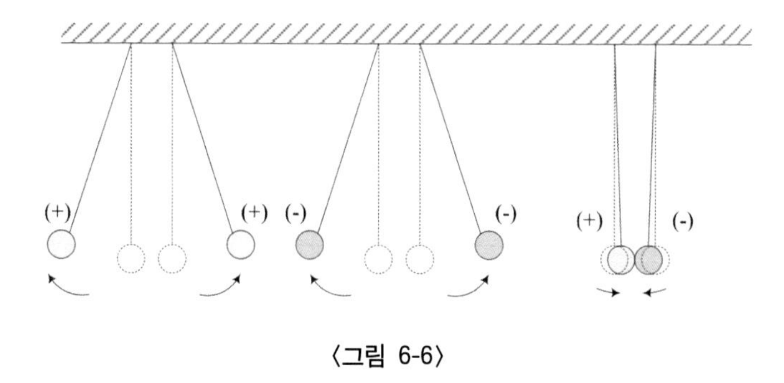

〈그림 6-6〉

〈그림 6-6〉은 전하 사이에 작용하는 인력과 척력을 그림으로 설명한 것이다. 전하의 이런 성질은 사람들의 남녀관계와도 비슷하다고 할 수 있다.

앞에서 공부한 대로 임의의 질량체는 그 질량으로 인해 중력이 작용하는 공간인 중력장을 만들어낸다고 했다. 즉, **질량체가 존재하는 곳에는 그 질량으로 인한 중력장이 존재한다. 이와 마찬가지로 전하가 존재하는 곳에는 그 전하로 인해 전기력이 작용하는 공간인 전기장(電氣場; electric field)이 만들어 진다.** 이것을 다시 중력장을 설명한 것과 같은 방법으로 설명하면, **어떤 공간영역에서 전하가 힘을 받는다면 전기장이 있다고 한다. 이 힘은 이 공간영역 안에 다른 전하가 있기 때문에 발생한 것이다.**

중력장의 세기 $\vec{\Gamma}$는 (36)식에서 보는 것처럼 단위질량이 받는 중력 $\vec{\Gamma} = \vec{F}/m$으로 정의되었다. 이와 마찬가지로 **전기장의 세기 $\vec{E}$는 단위전하량이 받는 전기력으로 정의**된다. 즉,

$$\vec{E} = \frac{\vec{F}}{q} = \frac{1}{4\pi\varepsilon_0}\frac{Q}{r^2}\vec{u}_r \qquad (41)$$

(41)식으로부터 중력장의 세기 $\vec{E}$ 의 단위는 N/C 또는 $kg \cdot m/sec^2 \cdot C$이라는 것을 알 수 있다.

여기서 다시 한 번 주목할 것은 (41)식은 (36)식에 있는 질량 m대신에 전하량 q가 사용되었다는 것이다. 이 두 가지 물리량 간의 대응관계를 잘 비교하여 앞에서 배운 것을 통해 새로운 개념을 쉽게 이해하고 앞으로 또 새로운 개념에 대한 설명들이 어떻게 전개되어 갈지 예측해 보는 것이 물리량 간의 대응관계를 이용해 새로운 개념에 대해 사고(思考)를 전개해 나가는 즐거움이기도 하다.

전기장의 세기를 나타내는 (41)식과 중력장의 세기를 나타내는 (36)식의 차이를 알아보는 것도 재미있다.

(41)식에서 방향을 나타내는 단위벡터 $\vec{u}_r$은 전하 Q에서 멀어지는 방향의 단위벡터[6]이다. 따라서 전기장의 세기 $\vec{E}$의 방향은 전하 Q의 부호에 따라 단위벡터 $\vec{u}_r$과 같은 방향이기도 하고 반대방향이 되기도 한다.

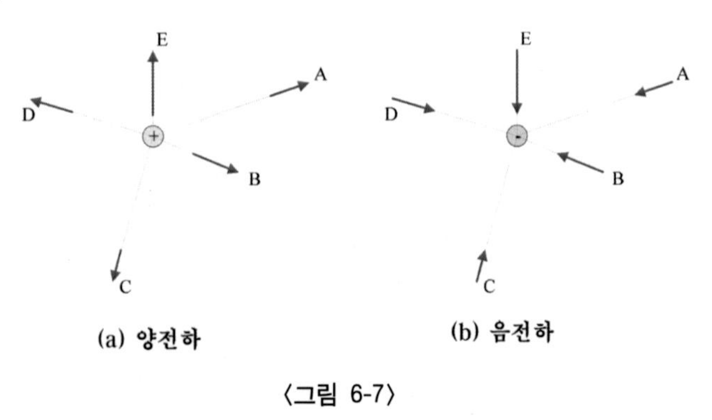

〈그림 6-7〉

6) 크기가 1인 방향을 나타내기 위한 벡터

즉, 전하 Q가 양전하(+)이면 단위벡터 $\vec{u}_r$과 같은 방향이 되어 전하 Q로부터 바깥쪽으로 멀어지는 방향이 되고, 전하 Q가 음전하(-)이면 단위벡터 $\vec{u}_r$과 반대 방향이 되어 전하 Q쪽으로 들어오는 방향이 된다. 〈그림 6-7〉은 각각 양전하와 음전하에 의해 만들어지는 전기장을 표시한 것이다.

〈그림 6-7〉을 중력장의 방향을 나타내는 〈그림 6-2〉와 비교해 보면 전하의 부호에 따라 전기장의 방향이 달라진다는 점 외에는 형태가 같다는 것을 알 수 있다.

또한 식 (36)으로부터 중력장의 세기가 $\vec{\Gamma}$인 곳에 질량체 m을 놓으면 m이 받는 힘은

$$\vec{F} = m\vec{\Gamma}$$

가 된다는 것을 알았는데 이와 마찬가지로 식 (41)로부터 전기장의 세기가 $\vec{E}$인 곳에 전하 q를 놓으면 q가 받는 힘은

$$\vec{F} = q\vec{E}$$

가 된다. 역시 전하 q가 받는 힘의 방향 또한 전기장의 세기의 방향과 같다.

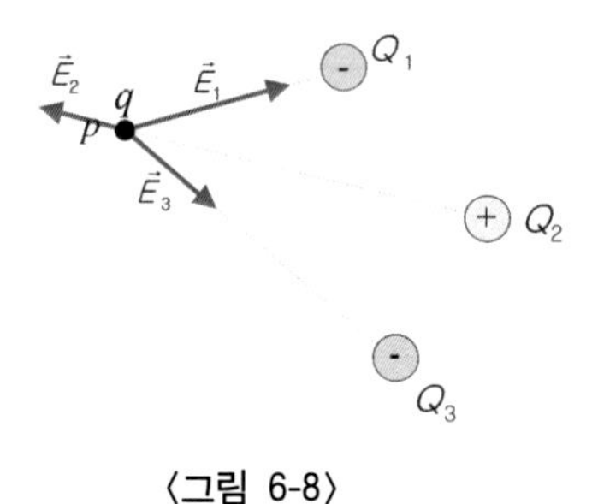

〈그림 6-8〉

마찬가지로 〈그림 6-8〉은 여러 개의 전하 Q_1, Q_2, Q_3가 있다고 했을 때, p점에 위치한 전하 q에 작용하는 전기장의 세기는 여러 개의 전하 Q_1, Q_2, Q_3가 만들어내는 전기장의 세기를 합한 합성전기장이 된다.

즉, 합성전기장은 $\vec{E} = \vec{E}_1 + \vec{E}_2 + \vec{E}_3$가 되며, 따라서 전하 q가 받는 전기력의 크기는 다음과 같다.

$$\vec{F} = q\vec{E} = q(\vec{E}_1 + \vec{E}_2 + \vec{E}_3)$$

따라서, 전하 q가 받는 전기력의 방향은 합성전기장 $\vec{E}$의 방향과 같고, 이는 각각의 전기장의 세기의 벡터합 $\vec{E}_1 + \vec{E}_2 + \vec{E}_3$의 방향과 같다. 〈그림 6-8〉에서 양(陽; +)전하의 전기장의 세기의 방향과 음(陰; -)전하의 전기장의 세기의 방향이 서로 다르다는 점에 다시 한 번 주의를 요한다.

이상과 같이 살펴본 것처럼 전기장의 개념에 대한 이해 과정이 중력장과 거의 똑같다는 것을 알 수 있다. 다만 중력장에서는 질량이라는 물리량이 사용된 반면, 전기장에서는 이에 대응되는 전하량이 사용되었을 뿐이다. 따라서 누차 반복해서 말하지만, 이 두 가지 서로 다른 물리량의 대응관계를 고려하여 같은 점과 다른 점을 찾아 비교하면서 공부를 하면 훨씬 쉽고 효율적으로 처음 접하는 개념을 이해하게 될 것이다. 또한 이렇게 대응관계를 비교하면서 공부를 하면 전기장을 공부하면서 중력장에서 미처 제대로 이해를 하지 못했거나 잘못 이해하고 넘어왔던 부분이 있는 경우에도 이를 바로 잡아 이해를 할 수 있는 부수적인 효과까지 기대할 수도 있다고 생각한다.

사실 중력장과 전기장에 대해서는 앞에서 살펴본 것 외에도 중력장(또는 전기장)의 세기와 위치에너지와의 관계, 물체의 에너지와 그 물체의 운동궤도를 다루고 이러한 개념이 또한 서로 어떻게 대응되는지까지 조금 더 깊게 다루어 설명하고 싶은 욕심이 생기기도 하는데, 이 책에 다루기에는 조금 분량이 많은 주제이고 지금까지 다룬 내용만으로도 중력장과 전기장에서의 대응관계를 통해 새로운 개념에 대한 이해도를 높이는 방법에 대해서는 나름대로 충분히 설명이 되었다고 생각되어 아쉽지만 여기까지만 다루기로 한다.

그리고 물리를 공부하는 독자들은 중력장과 전기장 외에도 자기장(磁氣場; magnetic field) 또한 이와 유사한 식의 형태와 전개과정을 갖는다는 것도 알아 두었으면 한다. 이를 공부해야 하는 학생들은 앞에서와 같은 방식으로 대응관계를 이용하여 중력장, 전기장과의 유사점과 차이점을 공부해 볼 필요가 있다.

병진운동과 회전운동

다음은 이미 셋째 장의 예제 문제에서 다룬 바 있는 강체(剛體; rigid body)[7]의 회전운동을 질점의 병진운동과의 대응관계를 이용해 살펴보기로 한다. 사실 강체의 운동은 무게중심의 병진운동과 회전축을 중심으로 한 회전운동으로 구분할 수 있는데, 〈그림 6-9〉와 같이 던져진 야구공을 생각하면 쉽게 알 수 있다. 야구공을 던지면 공은 〈그림 6-9〉의 점선으로 표시된 궤도를 따라 병진운동(竝進運動; translational motion)을 할 뿐만 아니라 동시에 공의 무게중심을 회전축으로 삼아 회전운동도 한다.

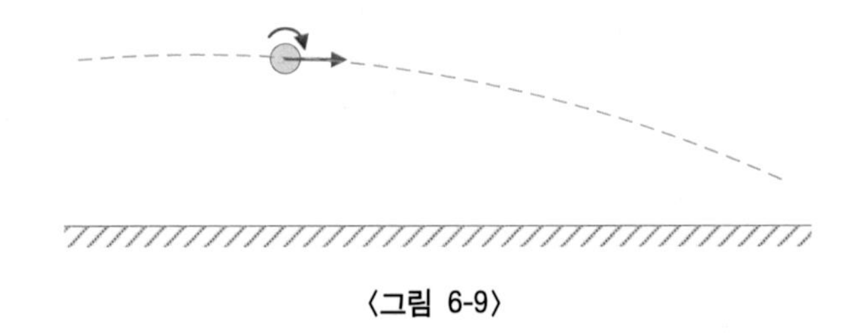

〈그림 6-9〉

7) 강체란 어떤 물체에 외부에서 힘이나 회전력이 가해져도 물체를 구성하는 모든 입자들 사이의 거리가 일정하게 유지된다고 가정한 가상의 물체다. 따라서 강체는 운동 중에도 원래의 모양을 그대로 유지하는데, 사실상 이 세상에 완벽하게 강체인 물질은 없다.

사실 이러한 회전운동은 고등학교 수준의 물리과목에서는 다루지 않는 주제로 이 책에서 상술하기에는 그 분량이 적지 않기 때문에 병진운동과 회전운동을 어떻게 대응시킬 수 있는지 정도만 살펴보기로 한다.

〈표 6-1〉 병진운동과 회전운동의 대응물리량

병진운동		회전운동	
힘	$\vec{F}$(N)	회전력	$\vec{\tau}$ (N·m)
질량	m(kg)	관성모멘트	I (kg·m^2)
속도	$\vec{v}$ (m/sec)	각속도	$\vec{\omega}$(rad/sec)
가속도	$\vec{a}$(m/sec^2)	각가속도	$\vec{\alpha}$ (rad/sec^2)

〈표 6-1〉에 주어진 물리량 외에도 선운동량 $\vec{p}$와 각운동량 $\vec{L}$도 대응관계를 이루고 그 공식 역시 대응관계를 보이고 있지만, 여기서는 편의상 생략하기로 한다.

설명에 앞서 먼저 처음 접하는 물리량의 정의를 알아보기로 하자.

어떤 물체에 힘이 작용하면 그 물체는 힘이 작용하는 방향으로 운동할 뿐만 아니라 어떤 임의의 점을 중심으로 회전하기도 한다.

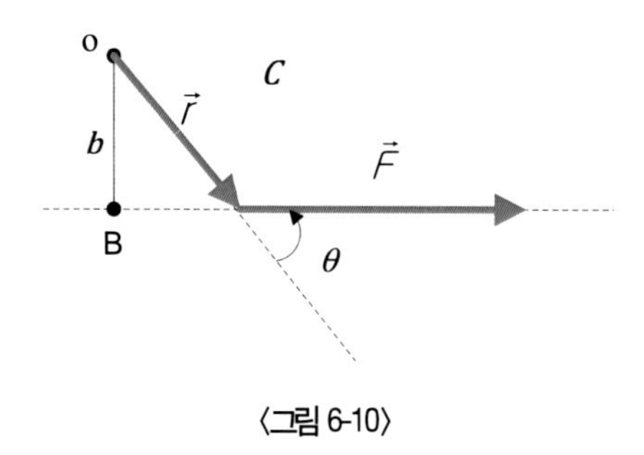

〈그림 6-10〉

〈그림 6-10〉에서 보는 것처럼 힘 $\vec{F}$가 물체 C에 작용하여 물체 C가 점 O를 중심으로 회전한다고 하면, 회전력의 크기는 O에서 힘이 작용하는 선까지의 수직거리 즉, 지레의 길이(lever arm) b에 비례한다. 따라서 회전력의 크기는

$$\tau = bF = rF\sin\theta = \text{지레의 길이} \times \text{힘의 크기} \qquad (42)$$

로 나타낸다. 따라서 힘의 크기 F가 같을 때 회전축에서 힘까지의 팔의 길이 r의 크기가 클수록 그리고 위치벡터 $\vec{r}$과 힘 $\vec{F}$간의 낀각 θ가 직각에 가까울수록 회전력은 커진다. 이러한 사실은 우리가 경험적으로도 충분히 알 수 있는 일이다.

두 벡터의 벡터적

$\vec{A} \times \vec{B} = \vec{C}$ 두 벡터의 벡터적의 결과는 벡터다.

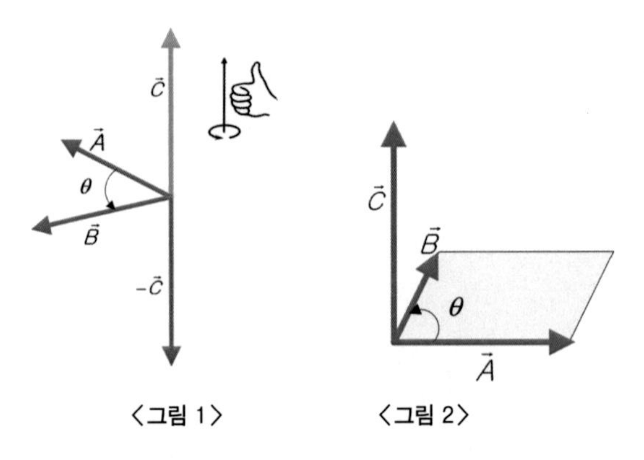

〈그림 1〉 〈그림 2〉

벡터적의 방향은 〈그림 1〉에서 보듯이 벡터 $\vec{A}$에서 벡터 $\vec{B}$쪽으로 오른손을 감아 쥘 때 엄지손가락의 방향과 같으며, 따라서 $\vec{B} \times \vec{A}$는 그 방향이 $\vec{A} \times \vec{B}$와 반대 방향이 된다.

벡터적의 크기는 〈그림 2〉에서와 같이 두 벡터가 만드는 평행사변형의 면적과 같으며, $|\vec{A} \times \vec{B}| = AB\sin\theta$로 구할 수 있다.

예를 들어 문을 열 때 문짝의 회전축인 경첩에서 가장 멀리 떨어진 곳에 힘을 주어야 문을 여닫기가 쉽다.

식 (42)는 회전력의 크기만 나타낸 것으로 회전력(torque) $\vec{\tau}$는 물체에 회전을 일으키는 힘으로 벡터이기 때문에, 다음과 같이 두 벡터의 벡터적(vector積; vector product, cross product)으로 표시할 수 있다.

$$\vec{\tau} = \vec{r} \times \vec{F} \tag{43}$$

〈그림 6-10〉은 회전력 $\vec{\tau}$의 정의를 그림으로 설명한 것으로 회전력 $\vec{\tau}$은 회전축에서 힘까지의 위치벡터 $\vec{r}$과 힘 $\vec{F}$의 벡터적의 결과로 그 방향은 그림에서 보는 것처럼 벡터 $\vec{r}$에서 힘 $\vec{F}$쪽으로 오른손으로 감아 쥐었을 때, 엄지손가락 방향과 같다. 회전력 $\vec{\tau}$의 단위는 표 6-1에 주어진 것처럼 식 (42)로부터 $N{\cdot}m$ 또는 $kg{\cdot}m^2/sec^2$이 되며, 이것은 일의 단위와도 같다.

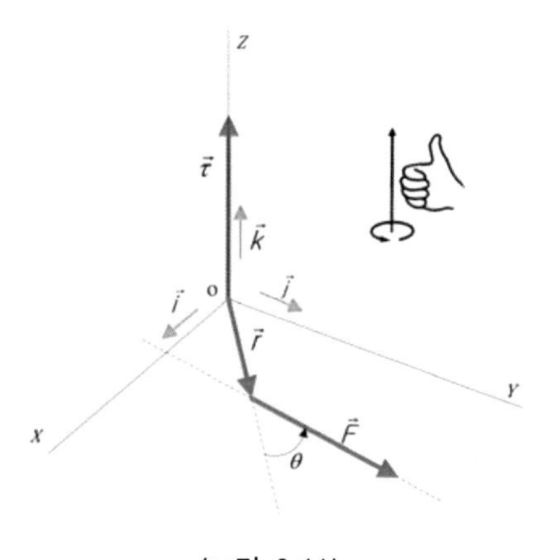

〈그림 6-11〉

〈표 6-1〉에서 관성모멘트(moment of inertia) I는 임의의 회전축을 중심으로 회전하는 물체가 외부의 회전력에 대해 저항하는 능력을 표시하는 물리량으로, 이러한 저항의 정도는 그 물체의 질량과 그 물

체의 기하학적 모양에 따라 좌우된다.

물체의 기하학적 모양에 따라 관성모멘트를 계산하는 것은 그렇게 어렵지는 않지만, 이 책의 범위를 벗어나는 내용이라 제외한다. 그러나 〈그림 6-12〉에서 보는 것처럼 같은 형태의 판이라도 회전축에 따라서 회전력에 저항하는 능력이 다르다.

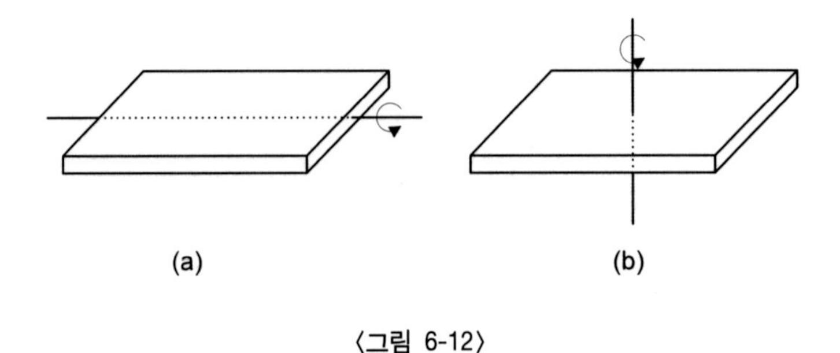

〈그림 6-12〉

즉, 회전축에 따라 기하학적인 모양이 달라지기 때문에 (a)와 (b)의 경우가 서로 관성모멘트가 달라진다. 관성모멘트 I의 단위는 $kg \cdot m^2$이다.

그리고 각속도(角速度; angular velocity)와 각가속도(角加速度; angular acceleration)는 〈그림 6-13〉과 같은 질점의 원운동에서 그 정의를 알아볼 수 있다.

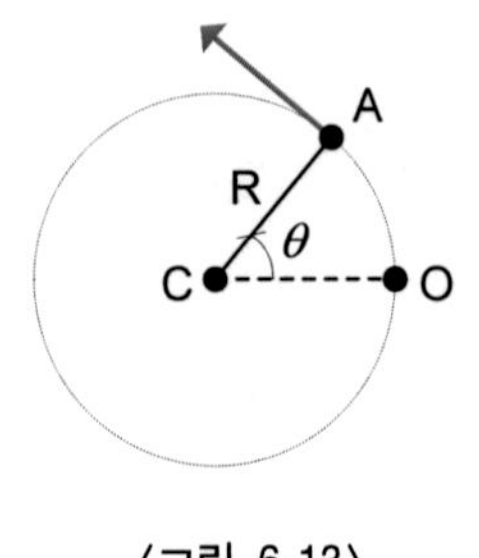

〈그림 6-13〉

〈그림 6-13〉에서 질점이 점 O에서 점 A로 이동했을 때 각속도의 크기 **ω**는 다음과 같이 정의된다.

$$\omega = \frac{d\theta}{dt} \qquad (44)$$

즉, 각속도의 크기는 질점이 단위시간에 반경 R이 휩쓸고 지나간 각도의 크기를 나타내며, 각속도의 단위는 일반적으로 rad/sec로 쓴다. 여기서 rad[8]은 각도의 단위이다. 각도는 무차원의 양[9]이므로 각속도의 단위를 각도의 단위인 rad을 생략하고 sec^{-1}로 표시하기도 한다.

또한 각속도의 방향은 〈그림 6-14〉에서 보인 것처럼 질점이 운동하는 방향으로 오른손을 감아 쥐었을 때 엄지손가락의 방향과 같다. 즉, 움직이는 평면과 수직방향이다.

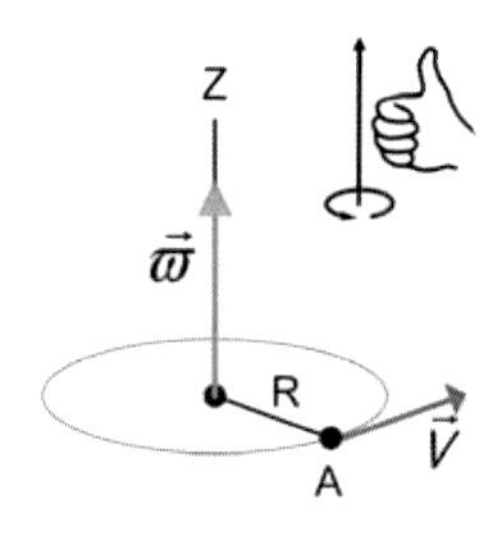

〈그림 6-14〉

8) radian; 국제단위계의 보조단위로 원의 반지름과 호의 길이가 같을 때 그 중심각의 크기를 1rad이라 정의하고 라디안이라고 읽는다. 그리고 원의 중심각의 크기는 2π rad이고 1rad은 57°17′44.8″이다.

9) 〈그림 6-13〉에서 호 OA의 길이를 s라고 하면 $s = R\theta$로 구할 수 있는데 s와 R 모두 길이이므로 단위가 m로 같다. 이럴 때 각도 θ는 길이, 질량, 시간 및 전기량과 같은 기본단위에 해당하는 단위가 없으며 이와 같은 물리량을 무차원량이라고 한다.

각가속도 $\vec{\alpha}$는 단위시간에 대한 각속도의 변화량으로 정의되며, 이것을 식으로 나타내면 (45)식과 같다. 즉,

$$\vec{\alpha} = \frac{d\vec{\omega}}{dt} = \frac{d^2\vec{\theta}}{dt^2} \qquad (45)$$

각가속도 $\vec{\alpha}$의 방향은 각속도 $\vec{\omega}$의 변화방향과 같으며, 그 크기만 나타내면 (46)식과 같이 쓸 수 있다.

$$\alpha = \frac{d\omega}{dt} = \frac{d^2\theta}{dt^2} \qquad (46)$$

각가속도의 단위는 rad/sec^2 또는 sec^{-2}으로 나타낸다.

이상과 같이 강체의 회전운동과 관련하여 중요한 기본적인 물리량의 정의를 살펴봤다. 그러면 다시 〈표 6-1〉에서 보인 것과 같은 대응관계를 통해 질점의 병진운동에서 얻은 개념을 활용해서 강체의 회전운동에 대한 개념을 알아보자.

질점의 병진운동에서 우리는 뉴턴의 운동 제1법칙인 관성의 법칙을 배운 바 있다. 즉, "**외부에서 힘이 작용되지 않는 경우 질량이 일정한 질점은 등속도로 운동한다.**"는 것이 그 내용이다. 이것을 다시 한 번 수식으로 표현하면 다음과 같다.

$$\vec{F} = m\vec{a} = m\frac{d\vec{v}}{dt} = 0$$

$$\therefore\ d\vec{v} = 0$$

$$\therefore\ \vec{v}$$

$$= const \qquad (47)$$

속도가 일정한 경우 중의 특수한 경우로 속도의 크기가 0인 정지된 상태가 있기 때문에 이를 다시 한번 정리하면, "**외부에서 힘이 작**

용하지 않는 경우 질량이 일정한 질점은 등속도로 운동하거나 정지하고 있다. 즉, 움직이는 물체는 계속 같은 속도로 움직이려 하고 정지해 있는 물체는 계속 정지해 있으려 한다."고 관성의 법칙을 설명할 수 있다.

이 개념을 강체의 회전운동과 대응관계를 이용하여 정리하면, "**외부에서 회전력이 작용하지 않는 경우 관성모멘트가 일정한 강체의 경우 일정한 각속도로 회전하거나 정지해 있다.**"는 것을 알 수 있다. 이것을 수식으로 나타내면 (48)식과 같다. 즉,

$$\vec{\tau} = I\vec{\alpha} = I\frac{d\vec{\omega}}{dt} = 0$$
$$\therefore\ d\vec{\omega} = 0$$
$$\therefore\ \vec{\omega} = const \qquad (48)$$

(48)식과 (47)식을 살펴보면 〈표 6-1〉의 대응관계가 완벽하게 지켜지고 있음을 알 수 있다. 따라서 이러한 대응관계를 이해하고 있으면 (48)식을 따로 암기하지 않아도 된다.

그리고 병진운동에너지와 회전운동에너지에서도 그 대응관계가 성립되고 있음을 알 수 있다. 즉, 병진운동에너지 $mv^2/2$에 대응되는 회전운동에너지는 $I\omega^2/2$임을 알 수 있으며, 〈표 6-1〉의 대응관계가 그대로 적용되고 있음을 알 수 있다. 그리고 회전운동에너지의 단위도 $kg \cdot m^2/sec^2$ $(N \cdot m,\ Joule)$이 된다는 것을 알 수 있다.

이러한 대응관계는 자연과학을 공부하면서 여러 사례에서 찾아볼 수 있는데, 거듭 말하지만 이러한 대응관계를 찾아 새로 접하는 낯선 개념을 이미 이해하고 있는 익숙한 개념을 통해 쉽게 이해하는 것이

요령이라고 할 수 있다.

물의 흐름과 전기의 흐름의 경우를 살펴보면, 물은 높은 데서 낮은 데로 흐르는데, 이를 위치에너지의 측면에서 본다면 위치에너지가 높은 곳에서 낮은 곳으로 흐른다고 할 수 있는데, 이와 마찬가지로 전기도 위치에너지[10]가 높은 곳에서 낮은 곳으로 흐른다. 즉, 전위가 높은 곳에서 낮은 곳으로 흐른다.

독자 여러분들도 이런 대응관계를 스스로 찾아보는 것도 자연과학을 공부하는 재미를 한층 더 느낄 수 있는 방법이 될 것이라고 생각한다.

---

10) 전기장 내에서 단위전하가 갖는 위치에너지를 전위(電位; electric potential)라고 하며 그 단위로는 볼트(volt, V)가 사용된다.

위치에너지와 마찰력 그리고 인간사(人間事)

또한 물리에서 얻어진 개념은 때로 우리가 일상으로 접하는 세상사에도 적용하여 생각할 수 있는 것들이 꽤 있는데 그런 연관관계를 고려하여 물리의 개념을 이해하면 이해도 쉽고 또한 그 결과에 대한 기억도 오래 남을 것이라고 생각한다.

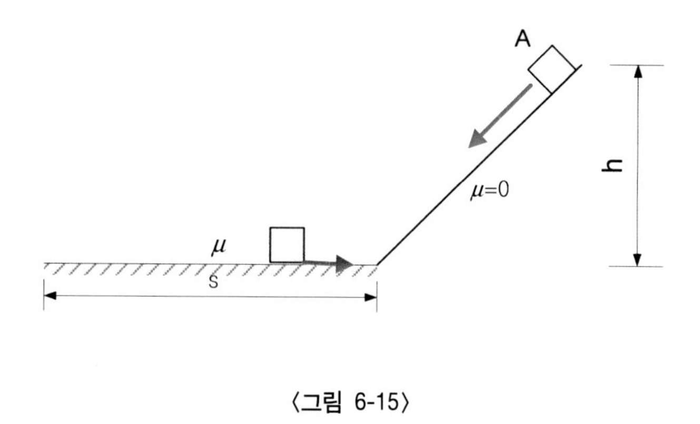

〈그림 6-15〉

예를 들어 〈그림 6-15〉에서 보는 것처럼 물체 A가 높이 h인 마찰이 없는 경사면을 미끄러져 내려와 마찰이 있는 면을 따라 갈 수 있는 거리 S를 구하는 문제를 풀어보면 물체 A가 처음에 갖고 있는 위치에너지가 수평면의 마찰력에 의해 완전히 소진될 때까지 물체는 움직이게 되는데, 이는 달리 말하면 수평면의 마찰력이 물체의 위치에너지를 완전히 소진시키기 위해 하는 일의 크기와 같다. 따라서, 이를 식으로 정리하면 다음과 같다.

$$mgh = \mu mgS \qquad \therefore \mathrm{S} = \frac{h}{\mu} \tag{49}$$

(49)식에서 물체 A는 높이 h가 높을수록 그리고 마찰계수 μ가 작을수록 멀리까지 갈 수 있다는 것을 알 수 있다.

이 결과를 우리네 삶과 비교해 보면 어떤 사람이 멀리까지 가려면, 다시 말해 큰 성공을 하려면 자기 내면의 재능과 실력을 길러 포텐셜(potential; 위치에너지 h에 해당)을 높이고, 뿐만 아니라 주변과의 마찰을 줄여 매끄러운 인간관계를 맺어야 한다는 것과 같이 연상하여 이해할 수 있다.

공부를 하면서 이렇듯 수식 하나의 의미도 소홀히 하지 않고 우리가 살아가는 일상사와 연관을 지어 생각하고 다시 그것을 분석한다면 그 결과는 오래도록 쉽게 자연스럽게 기억될 것이다.

대응관계의 파악

앞에서 살펴본 것처럼 서로 다른 물리량 간의 대응관계를 찾아내는 것은 자연과학을 공부하면서 무척 중요한 일 중의 하나지만 독자들이 보는 책에서 일일이 설명해 주지 않는 한 사실 그 대응관계를 찾아내는 것이 쉬운 일은 아니다.

그래서 책을 집필하는 사람들이 이런 대응관계를 가능한 쉽게 설명해 주는 것이 공부하는 학생들에게 무척 중요한 일이라고 생각한다. 그리고 강의하는 선생님들이 또한 이를 소상하고 쉽게 설명해 주는 것도 방법일 것이다.

그러나 어떻든 가장 중요한 것은 독자들 스스로가 새로운 물리량에 대한 개념을 접하면서 이미 알고 있는 개념들과 유사한 점이 있는가를 일일이 살펴보는 것이라고 생각한다. 그 과정에서 독자 여러분의 사고(思考) 능력이 배양되고 내공이 깊어지는 것이기 때문이다.

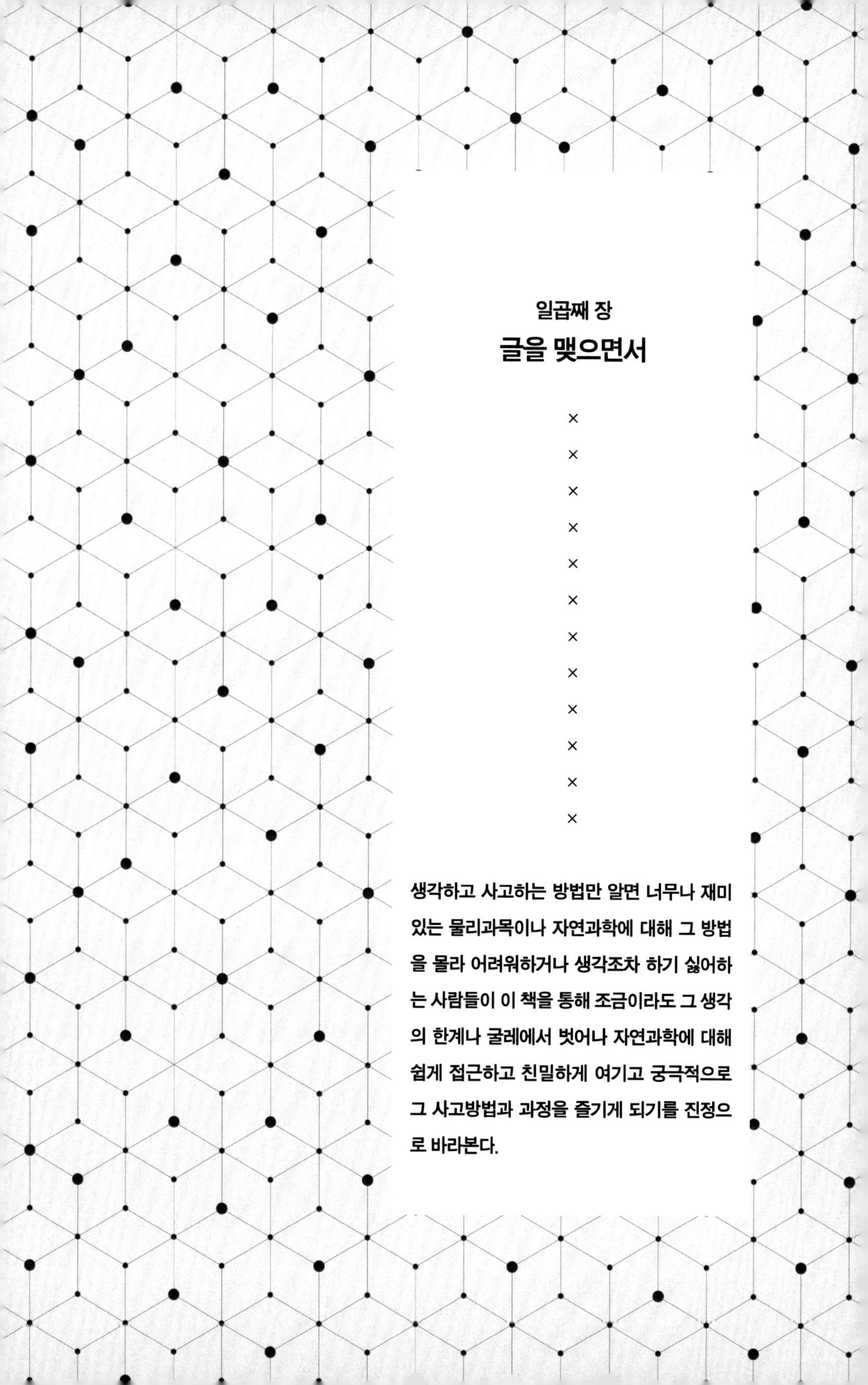

일곱째 장

글을 맺으면서

×
×
×
×
×
×
×
×
×
×
×
×

생각하고 사고하는 방법만 알면 너무나 재미있는 물리과목이나 자연과학에 대해 그 방법을 몰라 어려워하거나 생각조차 하기 싫어하는 사람들이 이 책을 통해 조금이라도 그 생각의 한계나 굴레에서 벗어나 자연과학에 대해 쉽게 접근하고 친밀하게 여기고 궁극적으로 그 사고방법과 과정을 즐기게 되기를 진정으로 바라본다.

아쉬움

오래 전부터 생각하고 꼭 쓰고 싶었던 주제를 덜 바쁜 주말 시간을 쪼개 정리했는데, 이제 마무리를 하면서 아쉬움이 많이 남는다. 우선 이 정도 선에서라도 정리하여 그 내용을 세상에 내놓기는 하겠지만, 앞으로 기회가 된다면 못 다 쓴 내용을 다시 한 번 추가로 정리해서 보완하고 싶다는 생각이 든다.

그중에서도 이런 내용의 책은 강의를 하는 방식으로 정리했다면 훨씬 더 생생하게 공부하는 학생들이 어려워하는 점을 쉽게 정리하여 전달할 수 있었을 텐데 하는 아쉬움이 특히 크다. 그리고 단기간에 집중해서 쓰지 못하고 주말을 이용해 내용을 정리하느라 마음만큼 다 쓰지 못했다는 것이다.

기회가 닿는다면 은퇴 후라도 물리를 직접 강의하면서 다시 한 번 보완하고 싶고, 또 기회가 닿는다면 이런 물리적 사고방식을 필요로 하는 사람들에게 강의하고 싶다는 생각도 든다. 그렇게 강의를 하면서 다시 한 번 더 정리하고 싶다.

그보다 무엇보다도 더 바람직한 것은 국내의 이공계통에도 워낙 뛰어난 분들이 많고 또 학계에 계신 분들도 많기 때문에, 그분들이 필자가 이런 책을 쓰게 된 동기를 십분 이해하여 훨씬 더 좋은, 자연현상에 대한 사고의 전개과정에 대한 지침서를 학생들이 이해하기 쉽게 많이 써 주는 것이라고 생각한다.

자연과학에서 조차 공식을 암기하는 방식으로 교육받은 아이들이 학교를 졸업하고 사회에 진출하여 생활하면서 맞닥뜨리게 되는 문제를 해결해 나가는 과정에서 그 문제의 전후 사정과 그로 인해 예상되는 결과에 대해 체계적으로 사고(思考)하여 처리해야 할 일까지도 앞뒤가 잘린 단편적이고 파편적인 지식에 근거하여 처리되고 있는 경우를 본 적이 있는데, 이러한 현실을 개선하여 지금보다 훨씬 더 살기 좋은 세상을 만들어 주었으면 한다.

스스로에게 강의를 해 보라

다른 공부도 마찬가지겠지만 어떤 개념을 새롭게 공부하면서 가장 걱정스러운 것 중의 하나는 그 개념에 대해 제대로 이해하지 못하거나 잘못 알고 있으면서도 제대로 알고 있다고 착각하는 것이다.

따라서 자기가 이해하고 있는 것이 맞는지 또 어떤 개념을 제대로 이해했는지 냉정하게 확인하는 것이 중요한데, 대부분은 교과서나 참고서에 나오는 문제를 풀어보면서 자신이 공부한 것이 맞는지 확인하는 것이 일반적이다. 물론 필자도 고등학교 때는 그런 방식으로 공부했다.

그러나 본인이 어떤 개념을 제대로 이해했는지 확인하는 방법으로 추천하고 싶은 것은 다른 사람에게 자신이 알고 있는 것을 설명해 보라는 것이다.

다시 말해 다른 사람에게 본인이 이해한 것을 강의하거나 또는 토론을 통해 다른 사람에게 설명하는 경험을 해 보는 것이 중요하다고 생각한다.

필자의 경험으로는 강의나 토론을 하면서, 정말 그 개념을 알고 있었던 게 맞는지조차 의문이 생길 정도로, 알고 있었다고 생각했던 내용에 왜 그렇게 허점과 빈틈이 많은지 놀랄 때가 많았다. 그리고 때로는 어떤 개념을 설명하다 보면 혼자 공부하면서 깨닫지 못했던 개념이나 방법들도 새삼스레 깨쳐 알게 되는 경우도 많았다.

어떤 문제를 나 아닌 다른 사람에게 제대로 설명하기 위해서는 책이나 참고서에 있는 것을 그대로 반복해서 암기해서 되는 일이 아니다. 스스로 그 문제에 대해 수십 번이고 계속 생각에 생각을 거듭해서 그 문제에 대해 본인이 스스로 완전히 이해해야 비로소 그것을 다른 사람에게 설명해 줄 수 있는 것이다.

그것도 단순히 설명만 하는 것에 그치지 않고 어려운 문제까지도 이해하기 쉽고 분명하게(easy & clear) 설명해서 가능한 상대방이 단번에 알아들을 수 있는 경지에까지 도달해야 본인이 정말 그 문제를 완벽하게 이해하고 알고 있는 것이다. 그래서 강의를 하거나 다른 사람에게 설명을 해 보는 과정을 갖는 것은 무척 중요한 일이다.

그러나 문제는 현실적으로 스스로 공부할 시간도 충분하지 않은 학생들이 강의를 하거나 다른 친구들과 토론할 수 있는 시간을 찾는 것은 사실상 쉽지 않을 것이다.

그래서 필자가 공부할 때 선택했던 방법은 본인 스스로에게 강의를 하는 것이었다. 쉽게 말해 본인 스스로에게 처음부터 끝까지 설명해 보라는 것이다. 책을 보면서 이해한 내용을, 책을 덮은 채로 스스로에게 처음부터 끝까지 설명을 해 보는 것이다. 이를 통해 공부하면서 이해했다고 생각한 것들이 정말 설명이 가능한지 또 설명의 내용이 앞뒤가 연결되는지 서로 모순되는 것은 없는지 차근차근 스스로에게 설명해 보는 것이다.

이 방법은 필자가 고시 공부를 하면서도, 또 영국에서 박사 공부를 하면서도 사용했던 방법으로 많은 효과를 봤다.

고시 공부를 할 때 주로 초저녁부터 밤을 꼬박 새워 공부를 하고 나서는 새벽 해 뜰 무렵부터 약 한 시간 남짓을 아파트 주변을 산책하면서 그날 밤새 공부한 것을 스스로에게 다시 강의하면서 내용에 허점이 없는지 점검을 하곤 했다.

영국에서 박사 공부를 할 때도 저녁 식사 후에 학교 근처의 뒷동산까지 약 한 시간 정도 산책하면서 그날 공부한 내용들을 역시 마찬가지로 다시 생각하면서 확인하곤 했다.

그 과정에서 설명이 잘 되지 않거나 기억조차 나지 않는 부분이 있으면 그 부분만 잠들기 전이나 산책을 마치고 바로 확인해서 보완했다. 이렇게 보완한 내용은 쉽게 잊어 버리지 않고 오래 기억할 수 있었다. 그게 누적되고 때로는 며칠 동안 공부한 내용을 같은 방법으로 스스로에게 다시 설명하는 과정을 거치면서 공부한 내용에 대한 이해의 정도를 높여갈 수 있었다.

어쩌면 학생들이 선생님에게 강의를 듣는다는 것은 이런 과정을 통해서도 혼자서는 이해할 수 없는 부분에 대해 설명을 들어 이해하는 데 도움을 받거나 아니면 본인이 어떤 문제를 이해하거나 풀어가는 과정과 다른 방식이 있는지 확인하는 데 의미가 있다고 생각한다.

미리 책을 하나도 읽어보지도 않거나 읽어봤다고 해도 읽어본 것 중에 어느 부분이 혼자서는 도무지 이해가 되지 않는지 생각조차 해보지 않고, 무작정 선생님의 강의에만 의존한다면 단편적이고 파편적인 지식 외에는 특별히 얻어낼 것이 없다고 생각한다.

물론 먼저 강의를 듣고 나서 다시 복습하면서 선생님이 가르친 내용을 참고하여서 공부하는 것도 방법이기는 하겠지만, 이 경우에도 결국 본인이 스스로 이해하는 것이 가장 중요한 것이며, 대부분의 경우 선생님의 가르침은 이해를 돕기 위한 가이드에 불과할 뿐이다.

요즘이야 인터넷 강의가 일반화되어 있어서 몇 번이고 강의를 반복해서 들으면서 이해도를 높일 수도 있겠지만, 그래도 강의를 여러 번 듣는 것도 시간 낭비일 수 있다.

스스로 공부하고 스스로에게 설명하고 강의를 하는 과정을 거치면서 내용을 더 깊게 이해하고 그중에 이해가 부족한 부분이나 선생님은 그 부분을 어떻게 설명하는지, 또는 본인이 책에서 공부한 것과 다르게 설명하거나 전혀 다른 사고방식이나 접근방식이 존재하는지 관심을 갖고 강의를 듣는다면 강의를 듣는 것도 훨씬 재미있어질 것이다.

선생님의 강의기법에만 좌우되어 수업시간의 재미가 결정되는 것은 너무 위험하다. 한 시간 정도의 수업에 사전에 아무 준비도 없이 앉아서 선생님의 강의에 푹 빠져들어 강의내용을 완전히 이해할 만큼 강의기법이 뛰어난 선생님을 만날 수 있는 것도 그리 흔하지 않은 일이기 때문이다.

반면에 미리 그날 수업할 부분에 대해 미리 공부하여 수업 중에 어느 부분을 집중적으로 들어야 하는지를 알고 수업을 듣는다면, 선생님이 설명하는 것을 통해 스스로 혼자 공부한 내용을 확인할 수도 있고, 혼자서는 도대체 이해하기 어려웠던 부분에 집중해서 들을 수 있기 때문에 효율적이기도 하다. 그러다 선생님이 본인이 공부한 것과 전혀 다른 방법으로 설명을 하거나 문제를 풀어나가는 것을 보면 흥미가 진진해지기도 한다. 때로는 선생님이 잘못하는 것도 발견해내기도 하고 공부하는 것도 재미있다는 것을 알게 된다.

공부할 때의 이런 경험은 지금도 업무를 하면서 많이 활용하는 편인데, 필자는 중요한 현안들이나 새로운 업무를 기획할 때 주말 산행을 하면서 업무에 대해 스스로 설명도 하고 보고를 해 보곤 한다. 공부할 때와 같은 방식인데, 이를 통해 업무의 목표와 해결해야 할 문제점이 훨씬 더 명확하게 정리되고 때로는 어려운 현안문제의 해결 방안을 찾아내기도 한다.

주로 산을 걸으면서 생각을 하기 때문에 필자는 산신령과 대화를 한다고 하고 또 때로 답을 찾았을 때는 산신령이 답을 가르쳐 주었다고 농담처럼 말하고는 한다. 이런 말이야 우스개처럼 하는 말이지만, 그게 누구든 스스로에게 설명을 하고 강의를 하는 과정은 어떤 개념이나 문제점을 명확하게 이해하는 데 아주 중요하고도 꼭 필요한 과정이라는 것을 잊지 않았으면 한다.

결과를 확인하는 방법과 습관

이와는 다른 이야기지만, 때로는 어떤 문제를 풀어놓고서도 그 결과나 답이 맞는지 틀리는지 잘 모르는 경우가 있다. 처음부터 같은 방법으로 다시 풀어봐도 그게 맞는지 확신이 서지 않을 뿐만 아니라, 설령 같은 방식으로 여러 번 다시 푸는 과정을 반복한다고 해도 사람의 머릿속에 잠재된 고정관념 때문인지는 몰라도 한 번 틀린 곳을 찾아내기란 여간 어려운 게 아니다.

그래서 교량설계와 같은 주요한 구조계산이 필요한 경우 parallel calculation이라고 해서 두 전문가 집단이 각각 독립적으로 구조계산을 해서 계산결과를 비교하는 경우도 있다. 이것은 어떤 한 사람이 계산한 과정을 처음부터 따라가면서 잘못이 있는가 확인하는 경우에는 먼저 계산한 사람의 생각에 매몰되어 잘못된 점을 찾아내기가 어렵기 때문인데 더구나 본인이 계산한 것을 본인이 스스로 다시 확인해서 그 잘못을 찾아낸다는 것은 정말 어려운 일이라고 할 수 있다.

따라서 공부하는 과정에서 본인이 푼 문제의 결과가 맞았는지 틀렸는지 추정할 수 있는 수단이 있으면 아주 유용하고 편리할 것이다.

이미 앞에서 설명하는 과정에서 일부 사례를 들어 설명했지만, 일반적으로 많이 쓰이는 방법으로는 계산된 결과치의 단위를 확인하거나 그래프를 활용하여 추세(趨勢; trend)나 경향(傾向; tendency)을 확인하는 방법 등이 있다.

필자가 기술고등고시를 볼 때, 시험과목에 구조역학이라는 주로 계산을 통해 답을 얻어내야 하는 과목이 있었다. 그 과목의 문제 배점이 대체로 50점짜리, 30점짜리, 20점짜리 등 3개의 문제로 구성되는 경우가 많은데, 그중에서도 특히 50점짜리 문제의 계산결과가 맞는가 틀리는가에 따라 시험의 당락이 결정되는 수가 많았다.

필자가 시험을 볼 때는 구조물을 하나 그려 놓고 거기에 작용하는 수평력에 의한 구조물의 처짐량을 계산하라는 문제가 나왔던 것으로 기억하는데, 이때 처짐량의 단위는 길이의 단위 즉, m가 되어야 한다. 그런데 그 구조물의 처짐을 구하는 수식을 도출해 놓고 단위를 확인해 봤더니 단위가 없는 무차원의 양이 나왔다.

그래서 중간 과정에 어딘가 잘못이나 착오가 있었다는 것을 인지하고 처음부터 다시 꼼꼼하게 살펴서 중간에 실수한 부분을 확인했고 결국 그 문제의 정답을 찾아내어 최고 점수를 받아 합격했다. 그만큼 결과값에 대한 단위를 확인하는 것은 중요한 것이다.

그리고 계산을 하기 전에 앞에서 배운 그래프 등을 활용하여 그 결과값의 추세를 미리 예상하여 계산한 결과가 그 예상대로 증가하거나 감소했는지 확인하는 것도 하나의 방법이다.

적당한 비유인지 모르겠지만, 필자는 군 생활할 때 전방에서 포병으로 근무하면서 포의 위치와 목표물의 좌표를 측량하는 일을 담당했다. 측량 팀에서 측량한 좌표값을 이용하여 사격지휘반에서 포를 사격하기 위한 포의 각도를 계산하는데, 그때만 해도 손으로 일일이 계산해야 했다. 측량과정에서 포대중심 좌표를 계산하기 위해서는 180°를 더하고 빼고를 수십 번도 더 해야 한다. 그런데 만약 한 번이라도 더하거나 빼는 것을 실수하면 바로 포의 방향이 목표물과 정반대로 향하게 된다. 이러한 착오를 잡아내지 못하면 포탄이 적군이 아니고 아군 쪽으로 날아가게 된다.

이런 불상사를 방지하기 위해서 포병들은 어느 곳을 가든 항상 북쪽이 어느 쪽인지 미리 확인하는 버릇이 있다. 그래야 설령 계산상의 실수가 있더라도 실제 사격을 목표물과 반대쪽으로 하는 실수는 하지 않을 수 있기 때문이다.

예가 적당했는지는 모르겠지만, 이렇게 사전에 계산결과는 어떻게 나와야 한다는 것을 예상하고 추정할 수 있다면 계산상의 실수를 방지할 수 있기 때문에 개념을 파악하는 과정에서 이런 수단들이 없는지 항상 염두에 두고 생각하면서 공부하는 것이 필요하다고 생각한다.

■ 문제를 꼬는 게 질색인 학생들에게 - 공부게임을 즐겨라

학생들이 물리공부를 하면서 제일 질색하는 게 아마도 문제를 이리저리 꼬아 내는 것이 아닐까 싶다. 아직 기본적인 개념도 완전히 파악하기 전에 응용문제를 풀면서 앞에서 공부한 것과 다른 가정과 조건을 포함한 문제를 접하게 되면 당황해서 그 문제를 아예 풀 생각조차 하지 못하는 경험을 많이 해 봤을 것이다. 앞에서 말한 대로 필자 또한 그런 경험이 있었다.

그러나 결국 출제자가 문제를 꼰다는 것은 대개 앞에서 다룬 내용 중에서도 특히 가정과 조건을 바꾸어 문제를 내는 것에 불과한 경우가 많다. 따라서 개념을 파악하는 과정에서 독자 여러분 스스로 주어진 가정과 조건을 바꾸어 사고를 하는 것을 습관화한다면 오히려 정작 출제자는 가정과 조건을 어떻게 달리 꼬았을까 하는 점에 관심을 갖게 되는데, 사실 이 점은 달리 생각하면 흥미진진한 것이기도 하다.

문제를 꼰 것이 겁이 나는 것이 아니라 한번 어떻게 어디까지 문제를 틀어서 낼 수 있는지에 대한 흥미가 생기기도 하기 때문이다. 사실 이것은 출제자와의 흥미 넘치는 게임이기도 하다!

실제 기술고시 1차 공부를 대학 물리책으로 다시 할 때 그 책을 만족스러울 만큼 공부할 때까지 문제집은 일체 풀어보지 않았다. 고등학교 물리책을 문제를 풀면서 따로 집중해서 봐도 한 달 정도는 족히 걸릴 테지만 대학 물리책을 공부하는 중간에는 일체 열어 보지 않았다. 대학 물리책을 다 공부한 다음에서야 비로소 여러 권의 문제집을 한 번에 다 봤는데 거짓말 같지만 첫 문제집 한 권을 다 보는 데 하루도 걸리지 않았다. 그리고 다음 문제집을 보는 데는 불과 몇 시간 걸리지 않았다.

믿지 못하는 분도 계시겠지만 이런 것들은 독자 여러분들도 충분히 경험해 볼 수 있을 것이라고 자신한다. 왜냐하면 앞서 제시한 기본 틀을 따라 체계적으로 공부하면서 스스로 생각과 사고를 하여 그 개념을 파악하며 체계화하고 난 뒤, 다시 그것을 스스로에게 강의하고 설명하면서 이 조건, 저 가정을 바꾸어 가면서 공부하는 과정을 거치고 나면 사실 고등학교 문제집이나 각종 시험을 위한 객관식 문제 정도는 거의 모든 문제가 내가 답이라고 손을 흔들어 대고 있는 것을 발견하게 된다.

남이 할 수 있는 것을 내가 못하는 것은 이상한 것이다. 필자는 사람의 재능에는 아주 큰 차이가 있을 수도 있겠지만, 그 재능의 차이가 천재와 바보의 차이가 아닌 보통 사람들 간의 차이라면 사실 그렇게 엄청난 차이가 있는 것은 아니라고 믿는다. 이과 과목에 흥미를 갖느냐, 문과 과목에 더 재주를 보이느냐 하는 것은 어떤 과목에서 조금이라도 더 빨리 성취감을 느꼈느냐가 더 중요하게 작용하는 게 아닌가 싶다.

물리와 같은 과목이 조금도 재미없던 필자와 같은 사람이 그 사고의 틀에 대한 책까지 쓰게 되리라고는 고등학교 때 같이 공부하면서 필자가 물리과목 때문에 얼마나 공부하면서 애를 먹었는지 아는 주변의 친구라면 그 누구도 생각하지 못했을 것이다.

앞에서도 말했듯이 필자는 어느 순간부터 어떤 사람은 새로운 것들을 찾아내거나 만들어내기도 하는데 남들이 다 만들어 놓은 것을 이해조차 못해서야 되겠는가 하고, 스스로 그어 놓은 사고능력의 한계를 벗어 던지려는 노력을 하기 시작했다. 그 결과 물리에 대해 흥미를 갖기 시작했고 그 사고의 틀을 즐기는 결과까지 만들어냈다. 이런 조그만 생각의 차이가 엄청난 결과의 차이를 만들어낸다.

문제를 꼬는 것은 겁을 먹을 일이 아니라 출제자와 나 사이에 벌어지는 흥미진진한 놀이일 뿐이다. 그것을 즐길 자세를 갖는 게 시작이다.

사회를 살아가면서 닥치는 어려운 점 또한 마찬가지 아니겠는가? 겁을 먹고 주저앉는 게 아니고 그것을 어떻게 해결해 나갈 것인가 생각하고 사고하면서 답을 찾고 조금 더 슬기로워진다면 그런 어려운 일이 생기지 않도록 미리 짚어 예방하여 둘 수도 있지 않겠는가? 물론 변수가 너무 많은 세상일이 다 뜻대로야 되지는 않을 수도 있겠지만 말이다.

이 책은 바로 당신을 위한 것이다

지금까지 물리적 사고의 기본 틀을 제시했지만 사실 지금까지 논의한 것은 고등학교 물리와 대학 물리개론 정도에서 다루는 내용에 대해 어떻게 하면 그 개념을 쉽게 파악하고 이해할 것인가에 중점을 두고 설명했다.

이 수준을 넘어선 훨씬 전문적인 영역의 과학적 사고의 틀에 대해서는 다루지 않았다. 전공 분야나 특히 박사 공부를 하면서 얻은 통계학적 분석기법이나 시뮬레이션(simulation)과 같은 전문적인 기법, 이를 다루는 사고의 틀에 대해서는 전혀 다루지 않았다. 그것은 이 책을 쓴 취지나 목적을 넘어선 주제이기 때문이다.

마찬가지 이유로 업무에서 일상적으로 마주치는 문제를 풀어가기 위한 사고의 틀에 대해서도 가능한 다루지 않았다.

그런 분야에 대해서는 국내외 전문서적을 통해 그 개념이 정리가 잘 되어 있어 이 책에서 따로 다루지 않아도 충분하다고 생각했기 때문이다.

이 책은 물리와 같은 자연현상을 다루는 학문을 처음 공부하면서 여러 가지 이유로 흥미를 잃거나 또는 재능 탓을 하거나 그러한 과목에는 아예 취미가 없는 것으로 스스로 포기한 사람들을 위해 쓰인 것이다.

이런 생각으로 여러 가지 면에서 부족하고 모자라는 필자가 평상시 갖고 있던 생각을 정리해서 책을 내놓을 용기를 가질 수 있었다. 책 내용 또한 아직도 많이 부족하고 그렇기 때문에 어떤 사람들에게는 전혀 필요 없는 것이겠지만, 또 반대로 어떤 사람들에게는 이마저도 필요한 지식일 수도 있다고 생각한다.

모쪼록 이 책이 조금이라도 도움이 되었으면 하면서 이만 글을 맺는다.